网店视觉营销秘笈

网店美工
实战手册

| 杨智坤 | 严晨 著

机械工业出版社
China Machine Press

图书在版编目（CIP）数据

网店视觉营销秘笈——网店美工实战手册 / 杨智坤，严晨著 . —北京：机械工业出版社，2016.2 重印

ISBN 978-7-111-49952-7

I. ①网⋯ II. ①杨⋯ ②严⋯ III. ①电子商务 – 网站 – 设计 – 手册 IV. ① F713.36-62 ② TP393.092-62

中国版本图书馆 CIP 数据核字（2015）第 089364 号

　　电子商务的本质就是用视觉形成转化率，它颠覆了传统的商业模式，其较为特殊的交易方式使得网店页面的视觉设计比实体店铺的装修更加重要。本书就是基于为淘宝卖家提供全面、实用、快速的店铺装修指导这一主旨编写的。

　　全书共分 7 章，从网店装修的基础知识、装修照片的处理技巧、网页制作与配色、网店首页和详情页面各模块的设计这几个方面着手，循序渐进地讲解了网店装修所需要的全部知识和技能，并通过剖析饰品、女装、相机等类型店铺首页及裙装、女包、金饰、腕表等商品详情页面整体打造的典型案例，为读者展示出专业网店的创作思路和装修技巧。

　　本书结构清晰、内容翔实、举例典型、图文并茂，每个实例都倾注了作者的经验和想象力，兼具技术手册和应用技巧参考手册的特点，具有较高的可读性和可操作性，不仅适合初次开店想自己装修店铺的初中级读者学习，也可作为大中专院校相关专业及电子商务培训班的教材使用。

网店视觉营销秘笈——网店美工实战手册

出版发行：机械工业出版社（北京市西城区百万庄大街 22 号　邮政编码：100037）

责任编辑：杨　倩

印　　刷：北京天颖印刷有限公司　　　　　　　版　　次：2016 年 2 月第 1 版第 2 次印刷

开　　本：190mm×210mm　1/24　　　　　　印　　张：9.75

书　　号：ISBN 978-7-111-49952-7　　　　　　定　　价：59.00 元

凡购本书，如有缺页、倒页、脱页，由本社发行部调换

客服热线：（010）88379426　88361066　　　　投稿热线：（010）88379604

购书热线：（010）68326294　88379649　68995259　　　读者信箱：hzit@hzbook.com

版权所有·侵权必究

封底无防伪标均为盗版

本书法律顾问：北京大成律师事务所　韩光 / 邹晓东

前言
Foreword

　　网络时代的今天，网上购物对于大多数人来说已经不再陌生，大家接触到的网络店家也不计其数。网店上最能直接打动顾客，让顾客产生购买欲望的除了价格和产品的特色以外，还有网店整体的装修格局、风格和配色。在价格和商品都相同的条件下，一个优秀的网店装修界面绝对是提升销量的重要因素，由此我们可以很清晰地感受到网店装修的重要性。

　　本书将网店中各个区域的装修规范与艺术化设计结合起来进行讲解，希望读者能够在体会装修软件强大功能的同时，也能将自己的设计创意和设计理念通过软件应用到网店装修中，帮助读者解决在开店装修中遇到的难题，提高开店水平，快速成为网上销售的高手。

一、本书特色

　　全面的装修基础知识：本书几乎涵盖了网店装修所涉及的图像、配色、视觉细节和装修准备等各个方面的内容，从商品图像设计的一般流程入手，逐步引导读者学习装修时所涉及的各种技能。

　　全方位装修软件详解：书中对网店装修设计的Photoshop、网页设计软件Dreamweaver、配色软件和多种辅助网店装修的小软件等进行了介绍，以提高效率为目的，让不同层次的读者可以寻找到适合自己的操作平台。

　　全套的网店装修设计：本书不仅对网店装修中的单个区域的设计进行了讲解，还使用了较为常见的商品作为设计目标，从网店首页和商品详情页面出发，对整个网页进行创作和制作，教会读者如何对一个统一的整体进行装修，提升网店装修的技能。

二、内容简介

　　Chapter 01　不可不知——与网店装修相关的基础：介绍网店装修的概念、风格定位、配色、文件类型和注意事项等。

　　Chapter 02　必备绝技——网店装修五大技能：从裁图、修图、调色、抠图和文字出发，讲解在装修设计中Photoshop的操作技能。

Chapter 03 专业配置——网页制作、配色及相关软件：讲述DW、配色软件和其他网店装修软件的使用与特色。

Chapter 04 网店首页——给顾客带来信心与惊喜：讲解网店首页中店招、导航、欢迎模块、收藏区和客服区的制作要点。

Chapter 05 宝贝详情——精准地抓住顾客的眼球：介绍详情页面中橱窗照、分类栏、搭配套餐和细节展示的设计。

Chapter 06 第一印象——网店首页整体装修：通过完整的案例讲解三种不同类型商品的网店首页设计和制作。

Chapter 07 单品形象——宝贝详情页面装修：通过四种不同商品详情页面的设计与制作提升读者的整体装修能力。

三、读者对象

本书是一本适合想开网店的初、中级读者阅读的网店装修书籍，以前没有接触过网上开店或店铺装修的读者无须参照其他书籍也可轻松入门，已具备自己进行店铺装修能力的读者同样可以从书中快速了解店铺配色、商品调色以及视觉细节等方面的知识点。

由于本书主要讲解网店美工方面的知识以及技巧，所以对于本书中案例的文案更多的是示意和样式展示，请勿对号入座。

四、其他

本书由北京市环境与艺术学校杨智坤老师编写Chapter 01~Chapter 04内容，由北京印刷学院严晨老师编写Chapter 05~Chapter 07、附录内容。本成果受北京印刷学院校级科研教学团队培养办法、北京印刷学院数字媒体艺术实验室（北京市重点实验室）资助。尽管作者在编写过程中力求准确、完善，但是书中难免会存在疏漏之处，恳请广大读者批评指正，除了扫描二维码添加订阅号获取资讯以外，也可加入QQ群111083348或者发送电子邮件到bookpublic@163.com，让我们共同对书中的内容进行探讨，实现共同进步。

编　者
2015年4月

一、加入微信公众平台

方法一：查询关注微信号

打开微信，在"通讯录"页面点击"公众号"，如图1所示，页面会立即切换至"公众号"界面，再点击右上角的十字添加形状，如图2所示。

图1 　　　　　　　　　　图2

然后在搜索栏中输入"epubhome恒盛杰资讯"并点击"搜索"按钮，此时搜索栏下方会显示搜索结果，如图3所示。点击"epubhome恒盛杰资讯"进入新界面，再点击"关注"按钮就可关注恒盛杰的微信公众平台，如图4所示。

图3 　　　　　　　　　　图4

关注后，页面立即变为如图5所示的结果。然后返回到"微信"页中，再点击"订阅号"进入所关注的微信号列表中，可看到系统自动回复的信息，如图6所示。

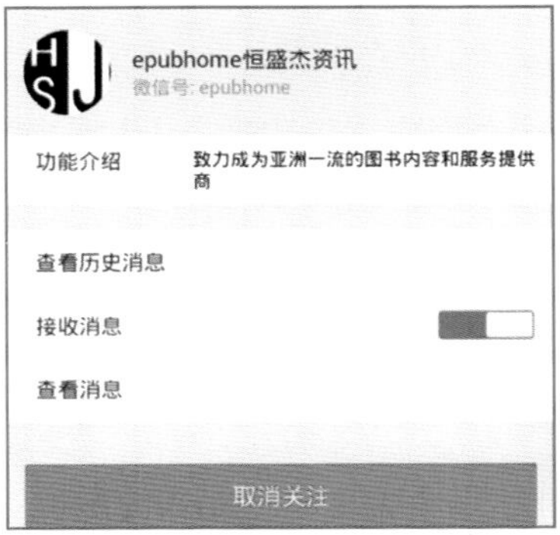

图5  　　　　　　　　　　图6

方法二：扫描二维码

在微信的"发现"页面中点击"扫一扫"功能，如图7所示，页面立即切换至如图8所示的画面中，将手机扫描框对准如图9所示的二维码即可扫描。其后面的关注步骤与方法1中的一样。

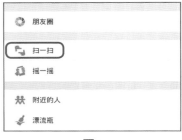

图7

图8

图9

二、获取资料地址

　　书的背面有一组图书书号，用"扫一扫"功能可以扫出该书的内容简介和售价信息。在微信中打开"订阅号"内的"epubhome恒盛杰资讯"后，回复本书书号的后6位数字，如图10所示，系统平台会自动回复该书的实例文件下载地址和密码，如图11所示。

图10

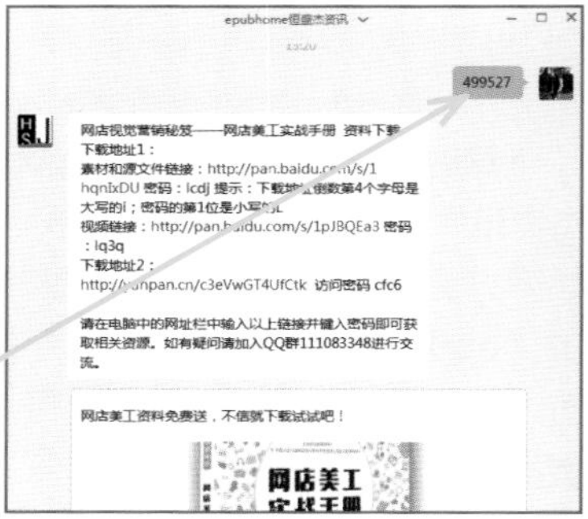

图11

三、下载资料

　　1.　将获取的地址输入到IE地址栏中进行搜索。

　　2.　搜索后跳转至百度云的一个页面中，在其中的文本框中输入获取的密码，然后单击"提取文件"按钮，如图12所示。此时，页面切换至如图13所示的界面中，单击实例文件右侧的下载按钮即可。

　　提示：下载的资料大部分是压缩包，读者可以通过解压软件（类似WinRAR）进行解压。

图12

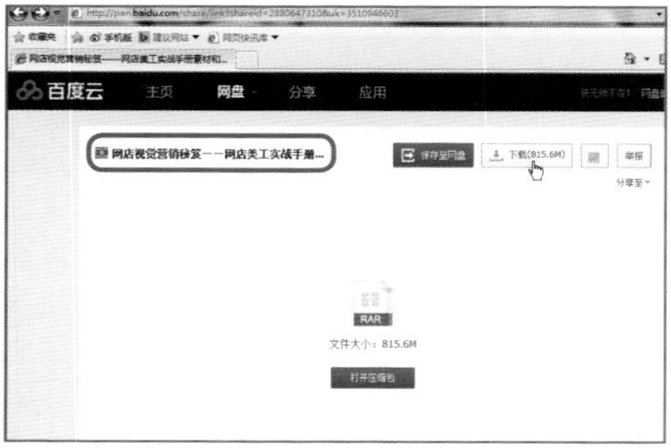

图13

方法①：使用IE播放器播放视频

STEP 01　打开资源包中存放多媒体视频的文件夹。

STEP 02　右击要播放的SWF视频文件，在弹出的菜单中执行"打开方式>选择程序"菜单命令。

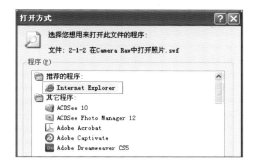 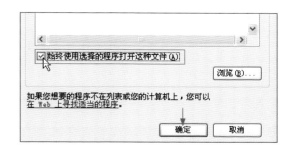

STEP 03　在弹出的"打开方式"对话框中的"推荐的程序"列表中选择"Internet Explorer"选项。

STEP 04　接着在"打开方式"对话框下方勾选"始终使用选择的程序打开这种文件"前的复选框，此处设置后再次打开SWF格式的文件，将自动使用IE浏览器播放。

STEP 05　此时该SWF视频文件将在IE浏览器中打开，而IE浏览器将由于安全原因阻止视频播放并弹出安全警告选项。

STEP 06 右击IE浏览器弹出的安全选项提示，在弹出的菜单中单击选择"允许阻止的内容"选项，接着在弹出的"安全警告"对话框中单击"是"按钮，允许IE播放此文件。

STEP 07 完成以上操作后，该SWF即可在IE浏览器中进行播放，此后双击打开其他的视频文件均可在IE浏览器中自动播放。

方法②：使用Flash Player播放视频

STEP 01 使用Flash Player播放视频，首先需要下载该软件，在各大搜索网站中输入"flashplayer_10_sa_debug"可得到大量结果，挑选一个下载地址进行下载。

STEP 02 可以看到下载的Flash Player软件图标，该软件不用安装，可直接双击运行。

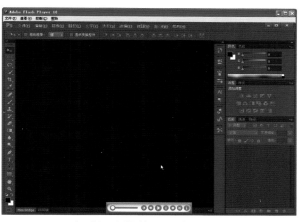

STEP 03　选择要播放的视频文件，按照前面介绍的方法，选择打开文件的方式为"Adobe Flash Player"。

STEP 04　完成以上操作后，该视频即可在Adobe Flash Player中进行播放。

视频播放条按钮介绍

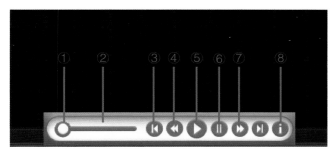

① 视频进度滑块
② 视频播放进度条
③ 重新播放按钮
④ 快退按钮
⑤ 播放按钮
⑥ 停止按钮
⑦ 快进按钮
⑧ 视频信息按钮

Contents 目录

Chapter 07 单品形象——宝贝详情页面装修 171

附录 213

Chapter 01

不可不知

——与网店装修相关的基础

对网络店铺进行美化和装饰，是提高店铺转化率的一个重要途径，在网店装修前，首先要搞清楚哪些位置需要进行装修，还要确定装修的色调，定位好网店的风格。在装修过程中会接触到多种类型的文件，它们应该怎样处理这些问题，本章中都会为读者一一地进行讲解，帮助大家掌握与网店装修相关的基础知识，还会提炼出网店装修中常常会出现的问题，以及相关的解决方法。

本章重点

概念

配色

风格

准备

格式

与网店装修相关

在网络平台上开店，除了需要有价格低廉、质量上乘的商品，有效的宣传和专业的客服人员，还需要有美观大方的装修，网店装修就是对网络店铺进行装饰和美化。本小节将对网店装修的概念、装修的位置和装修的类型进行讲解，帮助读者掌握和理解更多关于网店装修的信息与知识。

1.1.1 网店装修的概念

网店装修，顾名思义，就是对网络上的店铺进行美化，即在淘宝、有啊、拍拍等网店平台允许的结构范围内，尽量通过图片、程序模板等装饰让店铺更加丰富美观。大多数的网店平台都会向店家提供精美的淘宝店铺装修模板和店铺装修教程，让每一位店家都会网店装修。

网店的店铺装修与实体店的装修目的相同，都是让店铺变得更美、更吸引人。对于网店来讲，一个好的店铺设计至关重要，因为顾客只能通过网上的文字和图片来了解店家，了解商品，所以网店装修得好能增加用户的信任感，甚至还能对自己店铺品牌的树立起到关键作用。网店装修设计就是通过对商品图片、修饰素材和文字编辑等元素，进行合理的布局来组成一幅幅精美的画面，如左图所示。

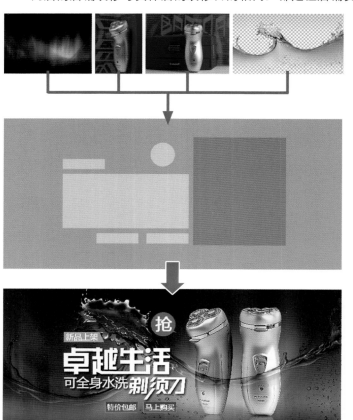

通常情况下，店铺装修是最让店主头疼的事情，是不是专业店铺，只看店铺的装修就能分辨出来。因此，有的网店商家会自己做装修设计，有的店家为了让店铺更专业漂亮，往往请专业人员来设计。

网店外观是吸引人眼球的第一感，顾客会通过装修能第一时间了解店铺的信息，一般的网店装修起到美观的作用，优秀的网店装修甚至会为网店创造直接的经济利益。

网店装修的意义就好比实体店的店面设计给人的氛围，重要性是不言而喻的。在其他因素一样的情况下，个性而又和所售商品风格相匹配的店面装修才是好的网店装修。

正所谓"三分长相，七分打扮"，网店的装修美化如同实体店的装修一样重要。因为网店的页面其实是附着了店家灵魂的销售员，只有独具匠心的网店装修才能打动顾客，增加网店的销售力。对于网络店铺来说，任何物品的任何信息顾客都只能通过眼球来获得，装修是店铺兴旺的制胜法宝，所以更要在装修上下一些功夫。

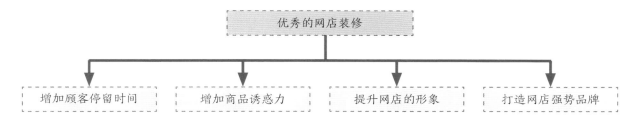

1.1.2 网店装修的位置

网店要把门面装修得漂亮点才能吸引顾客。作为视觉动物，第一印象对于人的认知会产生相当大的影响。那么，在网店中，哪些位置需要进行装修呢？

网店装修最关键的两个页面就是网络店铺的首页和商品详情页面，这两个页面中包含很多的信息，只有经过装修设计的网络店铺才能特别吸引顾客的目光。

网店首页包含店招、导航、客服、收藏区等内容，它的装修效果会影响顾客对于这个店铺的第一印象，网店的首页是店铺的门面，也是店铺的形象。

网店美工在设计网店首页的过程中，通常会自由地发挥创意，由于大多数的网店平台都可以使用代码进行网页设计，使用链接来对首页中的信息进行扩展，因此网店美工可以充分利用首页空间，达到美化店铺、对商品和店铺背景进行宣传的目的。

右图所示为某女装店铺的网店首页装修设计，在该首页中包含了多个模块，并且使用较为和谐的色彩来对页面信息进行了统一，通过合理的布局对首页中的信息分类，展现出高端、大气的风格，能够很好地树立店家和品牌的形象。

网店装修中的商品详情页面也是装修的一个重要部分，这部分除了对商品进行单一的展示以外，顾客还会使用商品分类来对店铺的商品进行导航。因此，应针对宝贝分类模块进行装修装饰，根据不同的设计、布局，以及素材的搭配，打造正规店铺页面，达到美面大方的效果。

由于客户基本都是先看商品说明页面而后进入网络店铺的，而商品的销售也关键看商品详情页面，是否做得美观、舒适、可信，讲解是否清楚等，是评价一个商品详情页面成功与否的评判标准。一般来讲为了使它更漂亮，店家也是使出浑身解数，比如用漂亮的宝贝描述模板、给宝贝拍很多细节照片、把商品图加工得很美、花钱租用专业相册、保证图片显示速度等，这些都需要做大量的工作，可想而知它的重要性。

在商品详情页面中，上边有店铺的招牌，左边有分类栏，右侧是对商品进行详细的介绍，而最需要设计的也就是右侧的商品信息内容。如右图所示为某饰品的商品详情页面设计，画面中通过简约的色块、艺术化编排的段落文字、清晰的细节图像、内容丰富的侧边栏等内容设计出一个完整的页面。

在商品详情页中，一般会包含以下几个方面的内容。

橱窗照

侧边栏包括价格信息、客服、宝贝分类、搜索、收藏区

商品详情页面包括服务承诺、饰品信息、场景展示、佩戴展示和工艺介绍

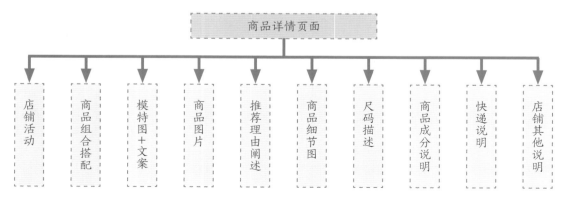

上述的商品详情页面中的内容，不是所有的都需要放到网页中，大部分都是根据商品展示需要来进行设计的。

1.1.3　网店装修的类型

网店装修，可以分为两大类型，另一种是购买成品模板，一种是定制设计装修，这两种不同的装修类型是根据店家的经济状况，以及对网店视觉效果的需要来进行选择的。

① 成品模板

成品模板就是设计师事先设计好的模板，如右图所示，出售模板的时候只更改固定的地方，比如店名、广告语、分类名称等，其他不做修改。而且模板重复出售，所以制作时间快，价格低。

精修的女装模特照片

专业的首页布局　　符合店铺风格的配色　　最终设计的首页效果

② 定制设计

定制设计是根据店家的需要选择套餐、风格、色调、布局，按要求全新设计的，而且一般都不重复出售，从而保证装修的独特性。定制设计的价格比较高，所需时间也比较久，如左图所示是为某品牌女装定制设计的网店首页。

新手开店装修的时候可以根据自己的需要选择相应的套餐。如果要节省开店成本，那么选择成品模板就可以了；如果是比较高级的卖家，可以选择定制设计，做出心仪高端的装修。

1.2 网店装修的色调与风格的定位

顾客在浏览网店的时候，会留意一些视觉效果较为特别的店铺，所以在网店装修中，风格的定位和色彩的搭配是装修前需要考虑的一个较为重要的问题，它们会影响整个店铺营造的氛围和传递的情感。接下来我们就对几种较为常用和有效的配色进行讲解。

1.2.1 使用类似色统一风格

色相环上距离较近的色彩搭配被称为近似色搭配，或者类似色搭配，这样的配色在自然中很容易被找到，所以对眼睛来说，这是种最舒适的搭配方式，给人以平静而协调的感觉。在网店装修中，类似色的配色是最不容易出错的一种配色，它可以轻易地让设计的画面形成统一的视觉，和谐而协调。但是，使用近似色搭配的时候，一定要适当加强对比，不然可能使画面显得平淡。

在色相环上，色相之间的间隔角度在30°左右，如黄与绿、黄、蓝与蓝绿等，如右图所示，类似色搭配的画面可以保持画面的统一与协调感。由于类似色的对比较弱，所以搭配效果相对平淡和单调。在实际的配色设计中，可以通过色彩的明度和纯度的对比，达到强化色彩的目的。

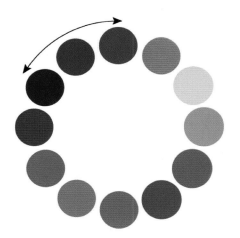

如下图所示是为某网店设计的客服区和收藏区的画面，在设计中主要使用了蓝色和棕色分别对画面进行配色，并且通过调整色彩的饱和度和透明度使其产生变化，让设计的作品避免单调，呈现出统一、协调的感觉，颜色之间自然地过渡，使整个色彩布局既沉稳安静，又活泼而灵性，同时产生了明快生动的层次效果，体现了空间的深度和变化。

1.2.2 使用对比色构成撞色风格

在色相环上，色相之间的间隔角度处于180°左右的色相对比，称之为补色对比，如下图所示。例如红与绿、蓝与橙、黄与紫等。互补色的色相对比最为强烈，画面相较于对比色更丰富，更具有感官刺激性。当两个补色并置时，它们处于最强的对比状态，互补色配色是最具刺激性的色相组合方式。

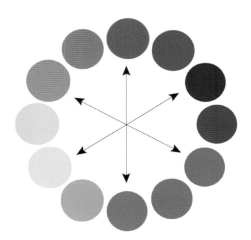

对比色搭配无疑是一种最突出的搭配，所以如果想要使设计的网店装修画面特别引人注目，那么，对比色搭配或许是种最佳选择。对比色可以很完美地构建出"撞色风格"。"撞色风格"是近些年来流行的关键词，体现自信与活力，彰显个性，张扬气魄，撞色成了许多设计师表达主题的不二选择。

撞色风格简单地说就是将色差大的颜色搭配或拼接在一起，这种风格给人强烈的视觉冲击力。撞色风格不一定要大范围撞色，还可以是小色块部位的撞色，也可以把这种感觉发挥得淋漓尽致，很有亮点，而且不张扬，如左下图所示的某品牌相机的店铺设计，画面中用大面积的蓝色作为主色调，通过橘色、红色和黄色这三种暖色调的搭配，使其与冷色调的蓝色形成强烈的反差，打造出撞色风格的效果，更能将主要的信息突显出来。

而如右下图所示是为某灯饰店铺设计的店招和导航，画面中使用了大面积的黑色作为背景，表现出黑夜的感觉，通过添加不同明度的红色，使其与黑色形成强烈的反差，呈现出撞色的效果，让店招文字与活动信息更加突出、显眼、生动，起到了画龙点睛的作用。

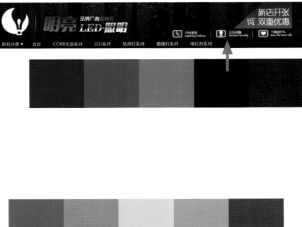

1.2.3 多种色彩打造炫彩风格

在网店装修的过程中，为了营造出一种活力、兴奋或者激动的氛围，往往会在配色中添加多种不同的颜色，通过多种颜色合理的分布和使用，打造出炫彩的视觉效果。多种颜色的搭配，我们可以使用矩形来对色相环中的颜色进行选择。将矩形放在色相环的中间，通过变化矩形的角度和大小，选择矩形四个角所在的色彩进行搭配，如下图所示。这四种颜色较为均匀地分布在色相环中，其中一种色彩作为主要色，这种搭配能取得最好的效果，但是多种颜色进行搭配时，需要注意冷暖色的对比和平衡。

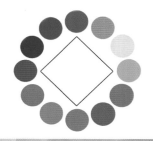

专家提点

不论使用哪一种配色进行网店装修设计，都要注意黑色的用法，因为黑色是一种特殊的颜色，如果使用恰当，设计合理，往往能产生很强烈的艺术效果。

一般初学者在进行网店装修时，往往会使用多种颜色，使网页变得很"花"，但缺乏统一和协调，缺乏内在的美感。事实上，网站用色并不是越多越好，一般应控制在四种色彩以内，通过调整色彩的各种属性来产生变化。在使用多种配色的时候，一定要把握住颜色的面积、明度的安排。

如右图所示分别是为某网店设计的套餐搭配区和宝贝分类栏，在这两个画面中都使用了多种颜色进行搭配，营造出了活力、活泼、跳跃的氛围。值得注意的是，它们的色彩之间的明度和纯度都是一致的，这样的色彩可以让整个画面的色彩搭配保持一定的稳定性。

1.2.4　各行业装修的色调与风格解析

在网店装修之前，首先要对店铺中销售的商品有一定的认识，确定店铺的基本风格。在大多数的时候，店铺的风格与其销售的商品风格是息息相关的，基本上都是通过解读商品的风格来确定网店的装修风格的。在确定装修风格之后，再对网店装修的页面进行合理的配色，才能将商品的特点突显出来。接下来我们就对不同类型的商品的色调与风格进行分析，具体如下图所示。

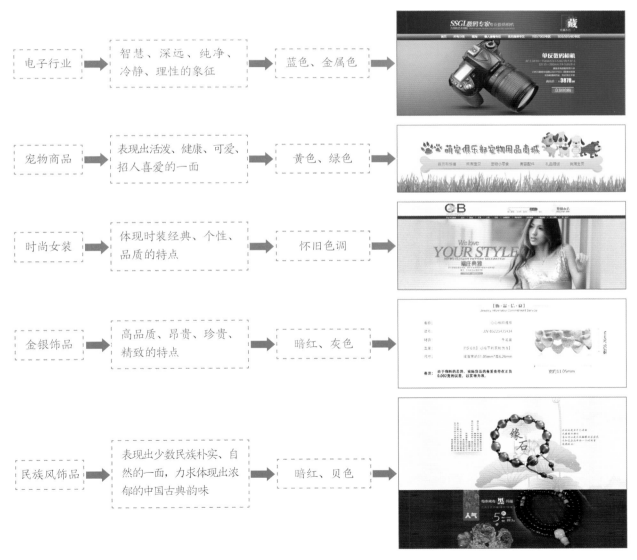

1.3 网店装修的前期准备

　　理解了网店装修的概念和店铺配色的原则，就可以开始准备网店装修了。在对网店进行装修之前，首先要收集大量的图片素材，这些素材包括了商品的照片和修饰画面的素材，将素材准备好之后，才能通过图形图像编辑软件对素材进行组合和编辑，最终制作出吸引眼球的网店设计。由此可见，图片是网店装修工作的第一步。

1.3.1 商品照片的拍摄

　　网店装修之前，首先要拍摄大量的商品照片。当一件商品以照片方式在顾客面前进行展现的时候，顾客无法接触到商品的实物，那么这个时候，商品的某些物理性的魅力是无法被顾客感触到的，如商品的材质、分量等，这就对商品的照片提出了更高的要求，要有足够的美感来够打动顾客，此外要从不同的角度拍摄宝贝，力求展示出宝贝更多的细节。如下图所示为拍摄的手表各个部位的细节图。

　　在拍摄某些宝贝的过程中，为了让宝贝的色泽和质感更加接近人眼所看到的效果，还需要自己布置简易的拍摄场景，让拍摄中的光线满足我们所需要的强度，使得照片中的宝贝完美地再现出来。如下图所示就是在拍摄黄金材质的戒指时所搭建的简易拍摄棚，拍摄时对拍摄的光源和角度进行准确的把握，获得最佳的拍摄效果，再将拍摄的照片进行适当的后期处理，就得到了一张满意的商品照片。

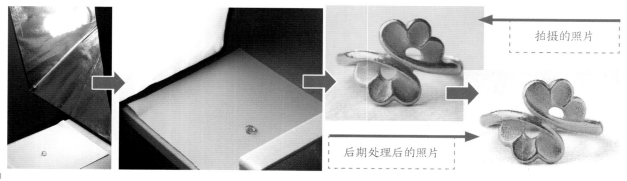

拍摄的照片

后期处理后的照片

除了要准备宝贝的细节图，自己创造拍摄环境以外，大多数时候为了展示出宝贝的实用特性，让顾客更直观地感受到宝贝的实物效果，还会拍摄模特使用或者穿戴宝贝的照片。如下图所示为女鞋店铺的店家所拍摄的女鞋在模特脚上试穿的效果照片及商品照片，通过对比可以发现，模特穿上女鞋之后的照片使商品增添了亲和力，让顾客更能真实地感受到商品的适用性。

1.3.2　装修素材的准备

完美的网店装修设计，在画面中除了商品形象的展示、模特的展示以外，还需要用其他的图像来进行辅助的表现，因为整个设计的网店页面就好像一幅完整的商业广告一样，组成元素非常的丰富。画面修饰素材的使用对于网店装修而言，是必不可少的，它们往往会让画面效果更加绚丽，呈现的视觉元素更加丰富。因此在进行网店的装修之前，要根据店铺的设计风格的特点，为装修设计准备所需的修饰素材。如下图所示是为某童装店铺装修之前收集的服装及花纹素材。

网店装修素材的收集可以与装修设计同时进行，而素材的类型也是多种多样的，包括底纹、花饰、剪影、箭头、按钮等，而文件的格式也可以相对自由，只要能够在装修设计软件中进行编辑即可。

在宝贝照片上添加素材不但可以提升宝贝的品质，而且可以让整个画面呈现出完整、统一和丰富的视觉效果。例如，森女风格的店铺会选用色彩清新淡雅的矢量植物作为修饰，而可爱风格的店铺会选用外形可爱且色彩多变的卡通人物进行点缀，这些素材的添加会让网店的整个效果显得更加精致。

　　是否添加修饰素材对宝贝的表现是有很大影响的，如下图所示分别为电脑配件店铺中为鼠标添加炫光素材和未添加炫光素材的效果，可以看到添加了炫光素材后的视觉更为绚丽，更能表达出宝贝的品质，提升了鼠标的档次。

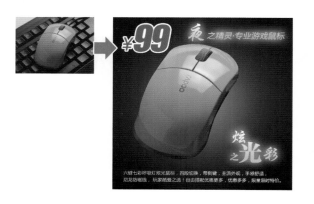 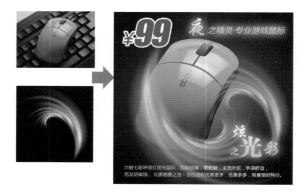

　　除了为商品添加素材以外，对于网店装修的各个模块及界面而言，有的时候为了使其呈现出精致的效果，让其细节展现得更加完美，还需要为首页制作出符合画面风格和主题的背景。如下图所示分别为添加底纹和未添加底纹的收藏区设计效果，添加了底纹的图片会显得更加的完美和精致。

1.3.3　获取网络存储空间

　　网络存储空间，即用来存储图片的网络空间。网络空间多是由专业的IT公司提供的网络服务器，浏览者之所以能够浏览到别人网店上的图片和动画，是因为上面所有的图片和动画，包括后台程序等内容，都由专门的服务器来存放。网络上有很多免费或者付费的存储空间，店家可以根据需要申请账号，对设计后的图片进行存储。

　　在完成网页的装修后，为了让设计的效果完整且准确地显示出来，需要将设计后的结果存储到网络空间中，以图片链接的形式将图片与网店联系起来，这样才能让顾客浏览到装修的结果。

　　获取网络存储空间主要是为了存放店铺的图片，网店上的图片存储空间有限，为此店主只能利用网络上其他地方的空间来存放商品图片。店铺中图片存储空间对卖家而言是不可或缺的，在普通店铺管理中只支持基本图片的上传，大多数商品图片、说明等相关信息均需放置在自己的空间中。因此，店主需另外寻找可获得图片存储空间的方法，一般情况下会使用以下四种方法来获取网络存储空间。

① 稳定且方便的虚拟主机

虚拟主机，又叫网站空间，是企业网站存放网站内容的普遍方式，如右图所示为虚拟主机的工作方式。虚拟主机管理方便且系统稳定，并且还可支持多种类型的文件，比如数据库、网页及图片等。虚拟主机对于在网上开店的卖家来说是非常实用的。使用虚拟主机的价格会相对高些，上传空间大于100M。

② 寻找出售图片存储空间的店铺

许多网站上有出售商品图片存储空间的店铺，这类销售的存储空间通常都由一些较为专业的服务器运营商来经营、维护，能够提供Flash动画与图片的上传。相对来说，服务器较为稳定、安全，服务质量也有保障，且可灵活购买。店主可按照自己店铺的需要来选取固定大小的存储空间，对普通店主而言是个不错的选择。

③ 找到提供免费相册的网站

现在有许多网站都提供免费相册，如人人网、中国雅虎等，如下图所示为常用免费相册网站LOGO。店主可将商品图片上传至自己申请的免费相册中。

④ 用微博存储照片

通过博客也能够存储照片，目前能够开通博客的网站有很多，如新浪网、网易和雅虎等，网友只需在各个网站免费注册就可以拥有自己的博客空间。在开通某个网站的博客后，一般都会有"相册"栏目。在相册里上传商品图片后，单击鼠标右键选择"属性"，再复制图片的地址，就能发布商品图片了。

如左图所示为新浪微博相册的展示与上传页面，上传到相册的每张图片都有属于自己的图片地址，通过复制地址就能在网店装修中进行使用了。

1.3.4 认识网店装修的利器Photoshop

网店的装修设计是一项较为精细和烦琐的工作，需要对拍摄的照片和收集的素材进行一系列的整理、修饰、美化和组合，最终才能完成设计，接下来让我们一起走进Photoshop，了解软件操作的一些基础功能。

要进行熟练的网店装修，应先来认识一些Photoshop的工作界面，执行Windows任务栏中的"开始＞所有程序＞Adobe＞Photoshop CC"菜单命令，或者双击桌面上的快捷方式图标，都可以启动Photoshop应用程序，启动后可以看到Photoshop CC的工作界面，如下图所示。

在Photoshop的工作界面中，可以看到其主要包含了菜单栏、工具选项栏、工具箱、面板和图像预览窗口几部分。其中的菜单栏中包含了11组菜单，单击各个菜单命令，可打开其子菜单；工具选项栏中会显示出当前选取工具的相关属性，调整各个选项的设置可以改变工具编辑后的效果；工具箱是所有工具的一个集合，包括了Photoshop中所有的应用工具，单击各个工具图标，可以对相应的工具进行选择；面板用于多种操作的控制和编辑，显示在工作界面的右侧，可以将面板拖曳至任意位置，在面板中汇集了编辑图像时常用的选项和相关的属性；图像预览窗口中主要包含的是当前打开图像的相关信息，如显示文件的名称、格式、颜色模式、缩放比例等。

专家提点

在Photoshop所有面板的右上角都含有扩展按钮，单击该按钮即可打开相应的面板菜单，不同的面板会拥有不同的扩展菜单，单击选择菜单中的选项，可以快速进行编辑和设置。由于Photoshop中的操作面板都是悬浮在工作界面中的，可以通过鼠标单击并进行拖曳的方式随时对面板的位置和显示与否进行控制。

1.4 网店装修中常用的文件类型

在进行网店装修的过程中，会接触到各种不同的格式和类型的文件，有的是用来进行平面设计的，有的是用于编写代码的，有的是网商要求的文件格式，它们都有不同的作用和特点。本小节将对常用的、会经常接触到的几种文件类型进行介绍。

1.4.1 PSD格式的文件

PSD是Photoshop Document的英文缩写，PSD文件格式是Adobe公司的图像处理软件Photoshop的专用格式。这种格式可以存储Photoshop中所有的图层、通道、参考线、注解和颜色模式等信息。在保存图像时，若图像中含有图层，则一般都会使用PSD格式保存。

PSD格式在保存时会将文件压缩，以减少占用磁盘空间，但PSD格式所包含图像数据信息较多，如图层、通道、剪辑路径、参考线等，因此比其他格式的图像文件还是要大得多。由于PSD文件保留所有原图像数据信息，因而修改起来较为方便，在进行网店装修的时候，使用PSD格式的文件对设计的画面进行存储，可以随时对文件中的文字、色彩等设计元素进行随意的更改，大大提高工作的效率。

PSD格式的文件是Photoshop储存源文件的方法，类似于编程过程书写的源文件，当然不能像其他类型的文件一样直接在Windows中打开，而是需要安装Photoshop后，才能打开这种类型的文件。在运行Photoshop之后，通过执行"文件＞存储为"菜单命令，在"存储为"对话框的"格式"下拉列表中选择"JPEG(*.jpg，*.JPG，*.JPEG)"选项对文件进行存储，即可将PSD中显示的图像保存到指定的地址。此时，若不需要用Photoshop进行修改，可以删除PSD格式的文件，而保留新生成的JPEG文件，用默认程序打开，如"windows图片和传真查看器"。

双击PSD格式的文件

在Photoshop中会将文件编辑的原始图层、应用的滤镜和调整图层等信息进行存储

1.4.2 HTML格式的文件

HTML的英文全称是Hyper Text Mark-up Language，即超文本标记语言或超文本链接标示语言，是目前网络上应用最为广泛的语言，也是构成网页文档的主要语言。HTML文件是由HTML命令组成的描述性文本，HTML命令可以说明文字、图形、动画、声音、表格、链接等。HTML文件的结构包括头部Head和主体Body两大部分，其中头部描述浏览器所需的信息，而主体则包含所要说明的具体内容。

HTML文件是可以被多种网页浏览器读取的，产生网页传递各类资讯的文件。从本质上来说，互联网是一个由一系列传输协议和各类文档所组成的集合，HTML格式的文件只是其中的一种。这些HTML文件存储在分布于世界各地的服务器硬盘上，通过传输协议用户可以远程获取这些文件所传达的资讯和信息。

想要在浏览器中浏览网页的HTML文件，可以首先打开电脑上安装的浏览器，在浏览器的地址输入框内输入相关网址，进入所需的页面后，在浏览的菜单中执行"查看＞查看源代码"菜单命令，此时屏幕上就会弹出一个新的窗口并显示一些古怪的文字，这些文字就是HTML文件，如下图所示。

网店装修，也就是网页设计的一种，在装修过程中有的店家为了让店铺的设计更有个性，或者需要为页面添加链接时，就是通过使用HTML文件来实现的，大部分情况下都会使用专业的网页编辑软件Dreamweaver来对代码进行编辑，如下图所示。

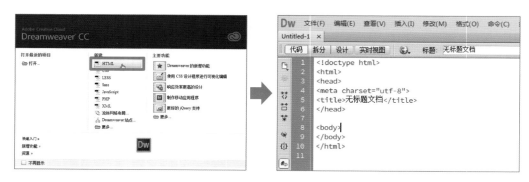

1.4.3 JPG格式的图片

　　JPG文件是一种与平台无关的图片格式，文件大小以图像质量为代价，它支持最高级别的压缩。在网商平台中，很多装修图片的格式都要求为固定大小的JPG图片，如下图所示为JPG图片的图标和网店装修中存储的JPG文件。

　　JPG压缩可以很好地处理写实类的作品，但是，对于颜色较少、对比级别强烈、实心边框或纯色区域大的较简单的作品，JPG压缩无法提供理想的效果。有时会严重损失图片完整性，这一损失产生的原因是，JPG压缩方案可以很好地压缩类似的色调，但是不能很好地处理亮度的强烈差异或处理纯色区域。

　　JPG格式的文件可以利用可变的压缩比控制文件大小、支持交错、且广泛支持Internet标准。缺点就是它的压缩是有损耗压缩，当编辑和重新保存JPG文件时，会使原始图片数据的质量下降，这种下降是累积性的。JPG不适用于所含颜色很少、具有大块颜色相近的区域或亮度差异十分明显的较简单的图片。

1.4.4 PNG格式的图片

　　PNG格式的图片是一种可移植网络图形的文件，PNG图片以任何颜色深度存储单个光栅图像，它与JPG图片一样，都是与平台无关的图片格式。

　　PNG支持高级别无损耗压缩，支持Alpha通道透明度，支持伽马校正，支持交错，受最新的Web浏览器支持，但是较旧的浏览器和程序可能不支持PNG文件。作为Internet文件格式，与JPG的有损耗压缩相比，PNG提供的压缩量较少，对多图像文件或动画文件不提供任何支持，但是在很多网店装修中，PNG格式的图片是规定格式中的一种。

　　如右图所示为在"windows图片和传真查看器"中打开PNG格式图片的效果。

1.4.5　GIF格式的图片

　　GIF的英文全称为Graphics Interchange Format，原意是"图像互换格式"，是一种基于LZW算法的连续色调的无损压缩格式。其压缩率一般在50%左右，它不属于任何应用程序，目前几乎所有相关软件都支持它，也是网络中使用较为广泛的一种图像格式。

　　GIF图像文件的数据是经过压缩的，而且是采用了可变长度等压缩算法。在一个GIF文件中可以存多幅彩色图像，如果把存于一个文件中的多幅图像数据逐幅读出并显示到屏幕上，就可构成最简单的动画。如下图所示为GIF格式的文件图标和在Photoshop中进行编辑的效果。

　　GIF格式的图片，其实就是网络上常常说的"闪图"，它分为静态GIF和动画GIF两种，扩展名为.gif，是一种压缩位图格式。GIF格式的文件支持透明背景图像，适用于多种操作系统，文件相比较PNG、PSD和JPG而言要小，网上很多小动画都是GIF格式的。其实GIF是将多幅图像保存为一个图像文件，从而形成动画的，最常见的就是通过一帧帧的动画串联起来的搞笑GIF图，所以归根到底GIF仍然是图片文件格式，但是GIF只能显示256色。和JPG格式一样，是一种在网络上非常流行的图形文件格式。

专家提点

　　在Photoshop中可以对图片的文件格式进行相互转换，即可将GIF文件中的单个图层转换为JPG图片，也可以将PNG的图片转换为JPG的图片。只需打开Photoshop应用程序，将需要转换的图片打开，执行"文件＞存储为"菜单命令，在打开的"存储为"对话框中的"格式"下拉列表中选择需要的格式，接着单击"确定"按钮，即可将打开的图片转换为所选择的文件格式，操作非常简单。

1.5 网店装修中需要注意的问题

网店装修的过程中，在确定网店的装修风格之后，在具体的制作和维护过程中，还需要注意一些较为重要的细节，如果不注意这些细节，就会让顾客在浏览该网店的时候体验不佳，从而导致客流量丢失，让成交率无法提高。那么，哪些细节需要注意呢？具体如下。

1.5.1 图片过多过大延长显示时间

在有些网络店铺的首页中，店标、公告及栏目分类等，全部都使用图片，而且这些图片非常大。虽然图片多了，店铺一般会更美观，但是却使顾客浏览的速度变得非常慢，店铺首页的信息或者是重要的公告等了很久都看不到，如下图所示，这样的情况会让浏览信息的顾客失去等待的耐心。

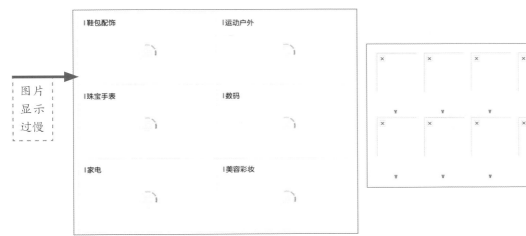

装修店铺用的图片一定要存放在装修商家自己的空间上，存放在免费空间或者盗用别人的图片，如果连图片的地址都没有更换，可能会出现使用没几天图片就不能显示的情况。购买这种装修模块的价格通常情况比同等商品的价格低，所以必须十分小心。

1.5.2 动画过多影响阅读体验

将店铺布置得像动画片一样闪闪发光，能闪的地方都让它闪出来，例如店招、公告、宝贝分类，甚至宝贝的图片、浮动图片等，动画固然可以吸引人的视线，但是使用过多的动画会占用大量的带宽，网页下载速度变慢，而且使用这么多的动画，顾客看起来会很累，网站也突出不了重点。

店铺装修漂亮，确实能更多地吸引顾客眼球，但要清楚一点，千万不能让店铺的装饰抢了商品的风头，毕竟网店装修是为了卖产品而不是秀店铺，弄得太多太乱反而影响商品的展示效果。

1.5.3　页面设计切忌过于复杂

网络店铺的装修切忌繁杂，不要把店铺设计得和绚丽的门户类网站一样。虽然把店铺做成大网站看上去比较有气势，使人感觉店铺很有实力，但却影响了顾客的使用，顾客要在这么繁杂的一个店铺里找到自己想要的商品，不看眼花才怪。所以不是所有可装修的地方都要装修或者必须装修，个别地方不装修反而效果更好。要让顾客进入店铺以后能够较顺利地找到自己所要购买的商品，能够在最短的时间内看清商品的详情。

1.5.4　谨慎选择店铺的风格

进入网店装修的后台时，大多数的电商平台都会让店家首先选择店铺的风格，通常情况下最好选用"默认风格"。

因为在装修时，商品的形象基本上都是从照片中抠出来的，背景是白色的，而"默认风格"的背景基本上也是白色的，这样就显得简明多了，能够让商品的外形直观地展示出来。如果宝贝照片的背景不是白色的，则可以选择店家想要的风格。把握了整体的风格后，还要考虑其稳定性和可更改性。

1.5.5　风格和表现形式上的统一

店铺装修除了色彩要协调外，整体风格也要整体统一，在设计分类栏、店铺公告、音乐、计数器等元素的时候要有整体考虑，千万不能这个设计为卡通风格，那个设计为硬朗风格，风格不搭是整店装修设计的大忌。

如下图所示为某民族饰品网店首页的部分区域截图，可以看到在这些区域中都表现出了水墨和古典的韵味，不论是页面的修饰元素、文字外观，还是画面色彩，都表现出统一的视觉和风格。

Chapter 02

必备绝技

——网店装修五大技能

在进行网店装修和设计之前，需要对拍摄到的商品照片进行一系列的处理，使其规避拍摄中造成的失真或者色差等问题，此时就需要使用具有强大图像处理功能的Photoshop，通过在Photoshop中对照片的尺寸、构图、瑕疵、色差、影调、抠取和文字等方面进行处理和编辑，让照片在装修中得到完美的应用。因此，在学习网店装修之前，让我们一起来学习关于网店装修的五大基础必备技能，快速、精确、有效地进行网店装修设计。

本 章 重 点

- 裁图
- 修图
- 调色
- 抠图
- 文字

裁图——照片裁剪角度纠正

当开始对宝贝照片进行处理时，首先会对照片的尺寸、构图和畸变进行调整，让照片的文件大小、视觉中心和外形状态符合装修的需要。在Photoshop中可以通过多种命令来对照片进行裁剪或者角度纠正。接下来就通过本小节的讲解，学习如何快速裁剪照片和校正倾斜照片吧。

2.1.1 重设图片的大小

鉴于网络电商对装修照片大小的限制，也为了图片能够在网络上快速地传播和显示，在对宝贝照片进行处理之前，大部分情况下都会对宝贝图片的大小进行重新设置，使其符合编辑的需要，也让照片在Photoshop或者其他的软件中编辑的速度得以提升。

在Photoshop中，利用"图像大小"命令可以调整图像的像素值和图像大小，执行"文件＞图像大小"菜单命令，即可打开如下图所示的"图像大小"对话框，在其中可以设置图像的分辨率、像素及文档大小，通过将分辨率从原来的300调整到72，可以看到设置前后的照片大小发生了明显的改变。

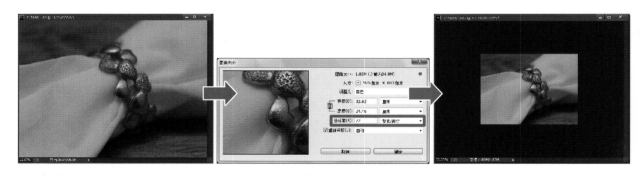

专家提点

在设置"图像大小"对话框的过程中，一定要注意将图像的"宽度"和"高度"进行约束，如果没有约束这两个选项，那么在修改对话框中的"宽度"或者"高度"选项后，图片的长宽比例将不能同时缩放，照片的内容将被拉伸，产生变形的可能。

在利用"图像大小"命令对宝贝照片的大小进行重新设置的过程中，通过"图像大小"对话框还可以了解到照片更多的信息，如照片的像素比例、尺寸、分辨率等，这些信息都可以根据具体的网店装修的需要来进行设置，并且通过单击"尺寸"选项右侧的下箭头按钮，在打开的菜单中可以选择所需的单位来对照片的大小进行显示，如左图所示。

2.1.2 丢掉多余图像改变构图

摄像师在拍摄商品照片的时候，为了将商品全部囊括到画面中，可能会忽略照片的构图，或者将不需要的对象拍摄到了画面中，当遇到这些情况时，可以通过使用Photoshop中的"裁剪工具"或者"裁剪"命令来快速对照片的构图进行调整，裁剪掉照片中多余的图像，达到对照片的构图进行重新定义的目的。

打开一张需要裁剪的商品照片，单击工具箱中的"裁剪工具"，在图像窗口中可以看到照片自动添加了一个裁剪框，使用鼠标单击并拖曳裁剪框的边线，对裁剪框的大小进行调整，将圆形镜子的中心放在裁剪框的中心，完成裁剪框的调整以后，按下Enter键确认裁剪，可以在图像窗口中查看到裁剪后画面中只包含了镜子一件商品，如下图所示。

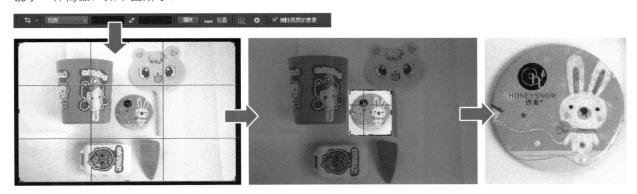

在用"裁剪工具"对照片进行裁剪的过程中，可以使用多种方法对裁剪的编辑进行确认：一种是按下键盘上的Enter键，一种是选择"裁剪工具"以外的其他工具，一种是单击"裁剪工具"选项栏中的"提交当前裁剪操作"按钮✓。

除了使用"裁剪工具"对商品照片多余的内容进行裁剪外，还可以使用"裁剪"命令来进行操作。使用"裁剪"命令进行裁剪操作之前，需要使用选区工具创建选区，Photoshop会根据创建的选区来定义裁剪的内容。选择工具箱中的"矩形选框工具"，在镜子上创建选区，将其框选出来，接着执行"图像＞裁剪"命令，就可以将选区之外的内容删除，如下图所示。

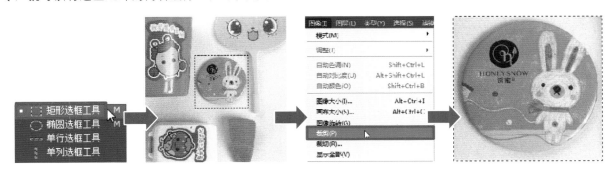

2.1.3 校正变形的商品

当拍摄宝贝照片时，由于拍摄的角度所造成的畸形，会影响顾客对于商品外形的判断和理解，此时就需要对商品的外形进行校正。在Photoshop中能够轻松地解决这个问题，使用"透视裁剪工具"可以从一定角度对商品外形的透视角度进行校正，它还可以在裁剪图像的同时变换图像的透视，帮助用户更加准确地校正商品照片中的透视效果，让照片中的商品恢复正常的透视视觉。

打开一张由于俯拍所造成的包装袋畸变的商品照片，单击工具箱中的"透视裁剪工具"，在图像窗口中单击并拖曳创建透视裁剪框，然后调整裁剪框的形状，将包装袋的垂直线与裁剪框的边线平行，完成透视裁剪框的编辑后按下Enter键即可。具体操作和效果如下图所示。

当使用"透视裁剪工具"在图像上创建透视裁剪框之后，鼠标在裁剪框的调整线位置显示为空心三角形状态时，可以对图像的透视角度进行调整，当出现双箭头状态时↔，可以对裁剪框的形状、角度和大小进行更改。

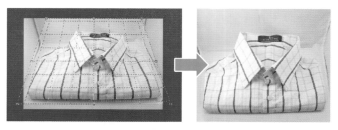

如左图所示的衬衫，由于拍摄中相机俯拍的角度与衬衫太过接近，因此衬衫形成了梯形的效果，使得领部细节展示效果不佳。为了让衬衫的透视角度趋于正常，在后期中通过"透视裁剪工具"对其进行校正，可以看到校正后的效果更为理想。

"透视裁剪工具"能够在裁剪时变换图像的透视，当处理包含外观为梯形的商品图像时使用该工具，可以从一定角度对不是以平直视角拍摄商品的照片进行处理，这样的商品通常透视会发生扭曲。例如，如果以90°以下的角度拍摄的商品照片，则会使得商品的底部比顶部看起来更加宽一些，如果出现这种情况，可以使用"透视裁剪工具"进行快速的调整。

2.2 修图——构建完美细节

在进行网店装修的过程中，为了让商品照片的整体效果更加精致和完美，需要通过修图这个环节来对照片中存在的水印、瑕疵等进行清除，如果是衣帽、饰品这些会出现模特的商品照片，还要对人物进行美化处理，最后经过锐化，突出细节，才能获得基本满意的画面效果。本小节我们就对商品照片的修图进行讲解。

2.2.1 去除水印

摄影师在拍摄商品照片的时候，可能会因为设置问题让商品照片中显示出拍摄的日期，或者某些借用的图片上有版权水印。这些在照片中原本不应该出现，并且影响商品表现的元素，我们都可以称之为水印。照片中包含水印，如果不及时去除，会大大降低商品的表现力，并给顾客造成不专业，甚至盗图的误解，从而影响商品的销售。在这里我们介绍三种不同的去除水印的方法，让照片还原最真的本质。

① "仿制图章工具" 去除水印

使用"仿制图章工具"去除水印是比较常用的方法，具体的操作是，选取"仿制图章工具"，按住Alt键，在无水印区域点击相似的色彩或图案采样，然后在水印区域拖动鼠标复制以覆盖水印，具体的操作和设置如下图所示。值得注意的是，采样点即为复制的起始点，选择不同的笔刷直径会影响绘制的范围，而不同的笔刷硬度会影响绘制区域的边缘融合效果。

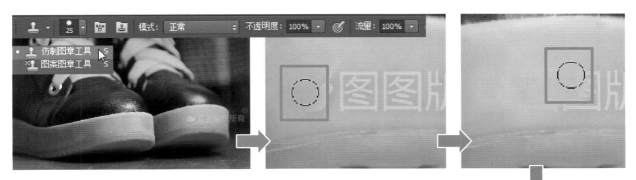

"仿制图章工具"将图像的一部分绘制到同一图像的另一部分，或绘制到具有相同颜色模式的任何打开的文档的另一部分，也可以将一个图层的一部分绘制到另一个图层，它对于复制对象或移去图像中的缺陷很有用。

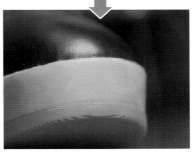

"仿制图章工具"选项栏中的"流量"和"不透明度"选项是控制该工具仿制图像的显示程度，这两个参数设置得越大，其仿制的图像就越明显；设置的参数越小，复制的图像就将呈现出半透明的效果。

② "修补工具"去除水印

如果商品图片的背景色彩或图案比较一致，使用"修补工具"就比较方便。先选择"修补工具"，在工具选项栏中选择修补项为"源"，取消"透明"复选框的勾选，然后用"修补工具"框选文字，拖动到无文字区域中色彩或图案相似的位置，松开鼠标完成操作，具体如下图所示。"修补工具"具有自动匹配颜色的功能，复制的效果与周围的色彩较为融合，这是"仿制图章工具"所不具备的。

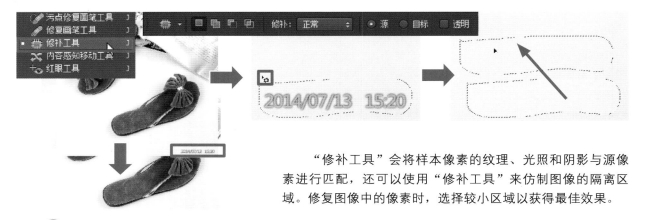

"修补工具"会将样本像素的纹理、光照和阴影与源像素进行匹配，还可以使用"修补工具"来仿制图像的隔离区域。修复图像中的像素时，选择较小区域以获得最佳效果。

③ "修复画笔工具"去除水印

使用"修复画笔工具"也可以对商品照片中的水印进行清除，操作的方法与"仿制图章工具"相似，按住Alt键，在无水印区域点击相似的色彩或图案采样，然后在水印区域拖动鼠标复制以覆盖水印。而且"修复画笔工具"与"修补工具"一样，也具有自动匹配颜色的功能，可根据需要进行选用。

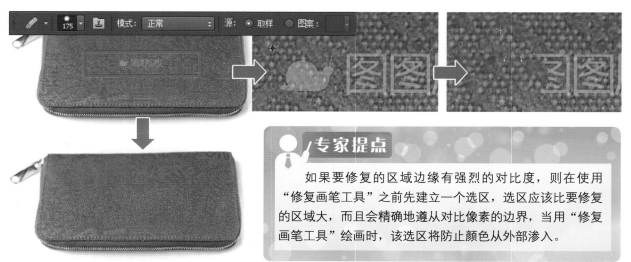

专家提点

如果要修复的区域边缘有强烈的对比度，则在使用"修复画笔工具"之前先建立一个选区，选区应该比要修复的区域大，而且会精确地遵从对比像素的边界，当用"修复画笔工具"绘画时，该选区将防止颜色从外部渗入。

2.2.2 局部擦除多余内容

有时，在网店装修的过程中，我们不需要商品广告中的某些内容，或者想使商品照片的背景更加纯粹，可以使用局部擦除的方法来将多余的内容清除，其主要使用的工具是Photoshop中的"画笔工具"。

打开一张已经设计完成的运动鞋广告，我们想要将其中的广告语、价格等信息进行删除，首先选中工具箱中的"画笔工具"，在文字的下方按住Alt键单击鼠标设置前景色，使用"画笔工具"在文字上进行涂抹，使用提取的色彩将文字覆盖，反复这样的操作，直到把画面中的文字全部覆盖，让画面中只包含商品的形象，如下图所示。

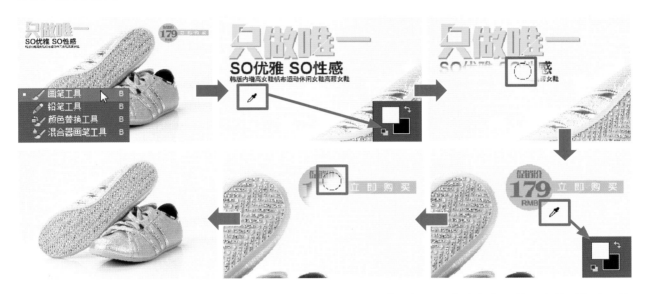

使用这样的方式局部擦除图片中多余的内容，要保证商品的背景颜色不会太复杂。并且有的时候为了让色彩覆盖的效果自然、完美，还需要将"画笔工具"中的"不透明度"和"流量"选项进行一定的设置。

如左图所示的两幅女鞋照片，通过使用上述的方法在背景上进行涂抹，可以将背景中原本凌乱的图像变成单色的效果，避免背景对商品造成影响，让商品的表现更加完美和精致。

2.2.3　妆面美容

在拍摄一些饰品、帽子和服装照片的时候，大部分情况下模特的面部会展示出来，如果这个时候模特的妆面存在瑕疵，那么将会影响商品的表现，此时最迫切的就是要为模特的妆面进行美容，包括祛痘、磨皮、加深妆容色彩等。本小节将对这些进行详细的讲解。

① 祛痘

"污点修复画笔工具"可以快速移去照片中的污点和其他不理想部分，它使用图像或图案中的样本像素进行绘画，并将样本像素的纹理、光照、透明度和阴影与所修复的像素相匹配，"污点修复画笔工具"不要求指定样本点，它会自动从所修饰区域的周围取样。

打开一张服饰照片，将图像放大后，可以看到模特的面部有细小的痘印和痘痘，为了让模特的妆面更加完美，我们选中工具箱中的"污点修复画笔工具"，直接用该工具在痘印位置涂抹，松开鼠标后Photoshop会自动对其进行清除。完成修复后，可以看到人物的皮肤更加平整，如下图所示。

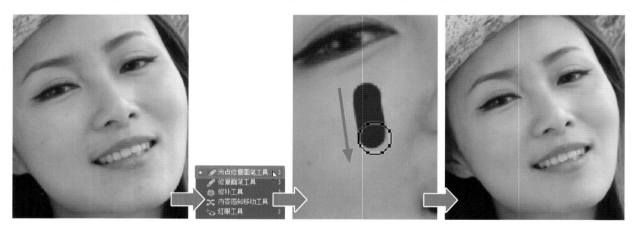

"污点修复画笔工具"对小面积的瑕疵进行修复，效果会非常的理想。因此，为了提高网店装修的效率，使用该工具对模特面部的痘痘和瑕疵进行清除，是最快，也是最高效的一种方法。

② 磨皮

一些需要拍摄近距离特写的商品照片，如佩戴首饰、帽子等模特的照片，照片上人物面部的皮肤会展露无遗，任何瑕疵都会表现出来，如果单单使用"污点修复画笔工具"进行处理，则不能获得很好的效果。此时需要对模特的皮肤进行磨皮处理，才能让其肤色显得均匀和光滑。

打开一张佩戴墨镜的模特照片，照片中主要表现墨镜，但是由于模特面部的皮肤削弱了表现力，降低了墨镜的档次。首先对"背景"图层进行复制，对复制得到的"图层1"执行"滤镜＞模糊＞表面模糊"菜单命令，打开"表面模糊"对话框对参数进行设置。接着为"图层1"添加上黑色的图层蒙版，使用白色的

"画笔工具"对图层蒙版进行编辑，在人物面部的皮肤位置进行涂抹，对皮肤进行磨皮处理，让肤色看起来更加的均匀。完成编辑后可以看到图像窗口中的人物皮肤更平滑，其具体的操作如下图所示。

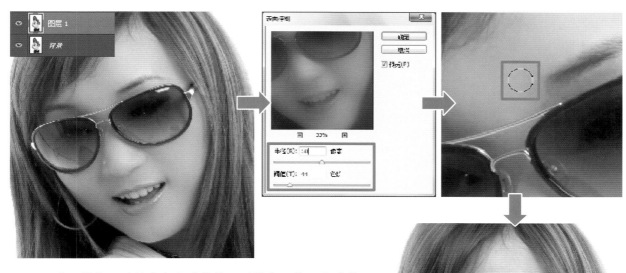

　　"表面模糊"滤镜在保留边缘的同时模糊图像，此滤镜用于创建特殊效果并消除杂色或粒度，其中的"半径"选项指定模糊取样区域的大小，"阈值"选项控制相邻像素色调值与中心像素值相差多大时才能成为模糊的一部分。

　　在使用"表面模糊"滤镜对人物的皮肤进行磨皮处理的时候，要注意"表面模糊"对话框中参数的设置，同时在编辑图层蒙版的时候，要随时对"画笔工具"的笔触大小进行调整，以满足不同皮肤面积的需要。除了使用"表面模糊"滤镜对模特的皮肤进行磨皮以外，还可以使用"高斯模糊"滤镜来进行操作。

③ 加深妆容色彩

　　在处理模特照片的时候，有时需要将模特的妆容颜色加深，使其妆面更加的艳丽，可以使用"色相/饱和度"调整图层来实现。通过对其图层蒙版进行编辑，对模特的唇部、眼影、腮红位置的妆色进行加深，可以让模特的表现更加完美，同时也提高了饰品的表现力，如右图所示。

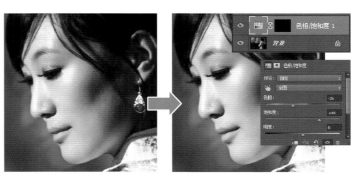

2.2.4 人物瘦身

对于服装类的商品照片，模特的展示非常重要，但是有的时候模特的身形因为自身原因，或者是拍摄的原因，会表现得不那么完美，需要对身形进行校正。大部分的时候都需要对模特进行瘦身处理，在Photoshop中对人物进行瘦身，可以通过两种方法来实现，一种是使用"液化"滤镜直接对人物的身体进行调整，另一种是使用"变形"命令来重新调整人物的身形。

① "液化"滤镜瘦身

"液化"滤镜可用于推、拉、旋转、反射、折叠和膨胀图像的任意区域，创建的扭曲可以是细微的也可以是剧烈的，这就使"液化"命令成为修饰图像和创建艺术效果的强大工具，也成为调整人物身形中较为常用的一个工具。

打开一张需要调整身形的服装模特，执行"滤镜＞液化"菜单命令，在打开的"液化"对话框中选择"冻结蒙版工具"在人物不需要变形的位置涂抹，如左下图所示，可以看到涂抹的位置显示出红色。

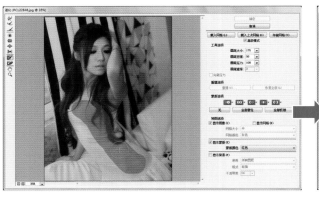 

创建蒙版后，选择"向前变形工具"，通过单击并拖曳鼠标的方式，对图像中人物的腰部、臀部等位置进行调整，完成人物身形的编辑后，单击"确定"按钮，在图像窗口中可以看到应用"液化"滤镜后的人物身形显示出S形的造型，曲线更优美，如左图所示。

专家提点

在"液化"对话框中进行身形调整编辑时，如果对编辑的效果不满意，可以按下Ctrl+Alt+Z快捷键，撤销上一步的操作。

② "变形"命令瘦身

"变形"命令是通过对选取图像进行自由变形而对模特的身形进行瘦身处理的，它的操作相比较"液化"命令来说显得较为复杂一些，但是由于它是以九宫格的方式对图像进行变形的，因此变形的效果显得更加的自然，不会出现"液化"滤镜中由于画笔大小调整不当而使得身材显得不平滑的情况，接下来我们就通过具体的操作来讲述一下"变形"命令瘦身的方法。

选择工具箱中的"多边形套索工具"，将需要调整身形的图像区域框选出来，添加到选区中。接着按下Ctrl+J快捷键，对选区中的图像进行复制，得到"图层1"，选中"图层1"，按下Ctrl+T快捷键，将该图层中的图像添加到自由变换框中。单击鼠标右键，在弹出的菜单中选择"变形"菜单命令，接着自由变换框将出现网格效果，调整网格中的网格线，对图像进行自由的变形处理，使人物的身形向内凹陷。对人物进行收腹处理，完成操作后按下键盘上的Enter键，确认操作后取消自由边框的显示。最后为"图层1"添加图层蒙版，使用"画笔工具"对图层蒙版进行编辑，让变形后的图像与背景中人物的图像之间自然地融合在一起，如右图所示。

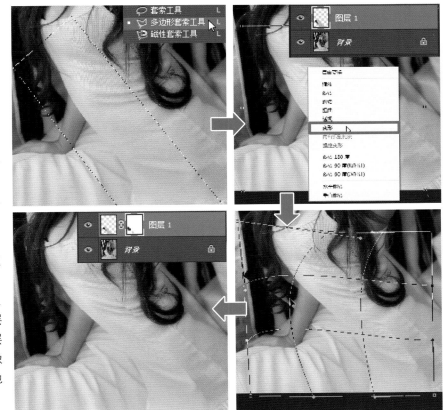

使用"变形"命令时，要变换形状，拖动控制点、外框或网格的一段或者网格内的某个区域。在调整曲线时，使用控制点手柄，这类似于调整矢量图形曲线线段中的手柄。

在使用"变形"命令对人物进行瘦身的时候，要注意一个问题，在对位图图像进行变形时，要注意不能过度地对图像进行拉伸，因为"变形"命令是针对像素进行调整的，过度的拉伸会让图像变大而模糊。"变形"命令进行瘦身是一个较为细致的操作，一定要有耐心，在变形操作时，可以细微地调整自由边框的边缘，不能过大弧度地进行操作，否则就会因为调整过大而显得失真。

2.2.5 锐化商品使其更清晰

在网店装修中，商品图像的清晰度是最基本，也是最重要的一个问题，网店上所有的商品都是依靠图片来向顾客进行展示的，如果图像不清晰，那么顾客就不能真实地了解到商品的细节，特别是在对某些商品进行布局展示时，图像的清晰与否直接关系到装修图片的品质。

在Photoshop中可以通过三种方式来快速地对商品照片或者装修设计后的图片进行锐化处理，让商品的细节更加的清晰：第一种是使用"USM锐化"滤镜来进行快速锐化，第二种是使用"高反差保留"滤镜来进行无杂色锐化，第三种是使用"锐化工具"来进行局部锐化。

① "USM锐化"滤镜进行快速锐化

使用"USM 锐化"滤镜调整边缘细节的对比度，并在边缘的每侧生成一条亮线和一条暗线，此过程将使边缘突出，造成图像更加锐化的错觉。

如下图所示，使用"USM锐化"滤镜之后，可以看到锐化前后相机细节的差异，锐化前的相机细节较为模糊，而锐化后的相机细节显得更加的锐利，且突显了相机表面的材质，提升了网店装修中页面的品质，让顾客能够更加准确地了解到商品的外观和材质。

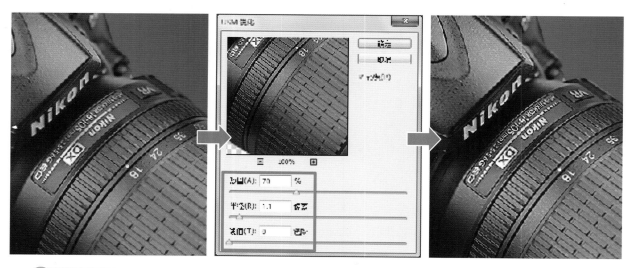

② "高反差保留"滤镜进行无杂色锐化

"高反差保留"滤镜在有强烈颜色转变发生的地方按指定的半径保留边缘细节，并且不显示图像的其余部分。通过"高反差保留"滤镜的使用，并同时搭配"图层"面板中的"叠加"或"柔光"混合模式，就能对商品的细节进行无杂色锐化，避免由于锐化过度而产生多余的杂色影响画质。

对需要锐化的图层进行复制，对复制的图层应用"高反差保留"滤镜，适当地调整对话框中的参数，接着在"图层"面板中调整图层混合模式，通过在图像窗口中观察可以看到，戒指在使用"高反差保留"滤镜进行锐化处理前后的效果，编辑后的戒指细节显得更加的精细，具体如下图所示。

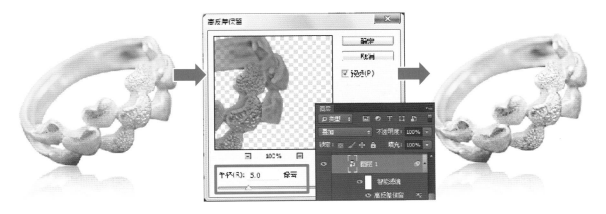

③ 使用"锐化工具"来进行局部锐化

"USM锐化"滤镜和"高反差保留"滤镜对于整个图像锐化操作较为实用，但是如果在网店装修中只需要对图像中的局部进行锐化处理，使用"锐化工具"就显得更加的便捷。"锐化工具"用于增加边缘的对比度以增强外观上的锐化程度，用此工具在某个区域上方绘制的次数越多，增强的锐化效果就越明显。

在工具箱中选择"锐化工具"，并在其选项栏中进行设置，通过将图片放大我们可以看到运动鞋的鞋带位置清晰度不够，而其他皮质的部分清晰度已经能够满足设计的需要，因此只对鞋带部分进行锐化处理即可。使用"锐化工具"在鞋带上涂抹，涂抹后可以看到鞋带变得清晰，如下图所示。

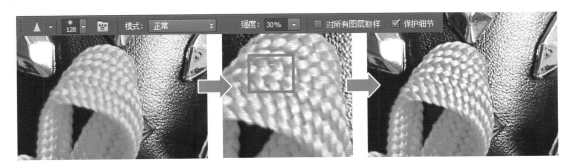

专家提点

勾选"保护细节"可以增强细节并使因像素化而产生的不自然感最小化。如果要产生更夸张的锐化效果，可以取消此选项的勾选。

2.3 调色——校正色差美化图片

摄影师在拍摄宝贝照片的过程中，可能会因为曝光调整不当、环境光线影响，或者是白平衡设置不当等因素，造成拍摄出来的宝贝照片影调不理想和颜色偏色的情况，此时，就需要后期来对照片进行调色处理。调色不单单只对照片的颜色进行调整，还包括明暗度、层次的修饰。

2.3.1 恢复图片的正常亮度

在对照片进行明暗调整的过程中，要先观察照片整体的明暗效果，通过提高亮度和增强暗调的方式让画面的曝光趋于正常。在进行调整的过程中，首先应对照片全图的明暗进行调整，在Photoshop中可以通过"曝光度""色阶""曲线"等命令来完成，让宝贝照片快速恢复正常的亮度。

① "曝光度"进行二次曝光处理

"曝光度"命令是用来控制照片的明暗的工具，与摄影中的曝光度有点类似。Photoshop中的"曝光度"可以通过调节"曝光度""位移""灰度系数校正"来对照片的曝光情况进行重新的定义。它的原理是模拟数码相机内部的曝光程序对照片进行二次曝光处理，一般用于调整曝光不足或曝光过度的照片，如下图所示为使用"曝光度"对宝贝照片进行二次曝光处理前后的效果和相关的设置。

使用"曝光度"对话框中的"预设"选项可以快速对画面的曝光进行调整，在该选项的下拉列表中包含了常用的预设调整效果，如右图所示。单击选中即可应用到图像中，但是"预设"选项中的调整只针对"曝光度"一个参数，而不会对"位移"和"灰度系数校正"的参数产生影响。

专家提点

在设置"曝光度"对话框中参数时，不要把参数设置得过大，可以先设置得小一些，进行多次调整，这样调整出来的效果更加精确。

② **"色阶"重塑照片直方图**

当我们把宝贝照片导入到Photoshop中时，使用"色阶"命令后可以看到该命令会有其自身的直方图，该命令是通过改变直方图，即改变照片中像素分布来调整画面曝光和层次的。

打开一张曝光及层次不理想的宝贝照片，执行"图像＞调整＞色阶"命令，打开"色阶"对话框，在"输入色阶"选项组中对色阶值进行调整，即可恢复画面正常的曝光效果，并且层次更清晰，如下图所示可以看到编辑前后的效果。

专家提点

在进行"输出色阶"的编辑中，可以通过直方图中最左端或最右端陡然增大的波峰来判断图像中是否具有非常浅或非常深的像素，如果存在这种情况，可以将黑色滑块或者白色滑块稍微向内拖曳到波峰内，以得到更好的调整效果，这样宝贝照片中的图片信息才不会丢失太多。

③ **"曲线"自由调整不同明暗区域的亮度**

"曲线"调整命令和"色阶"调整命令一样，都是用来调整画面整体明暗的，不同的是"色阶"只能调整亮部、暗部和中间灰度的明暗，而"曲线"可以控制曲线中任意一点位置的影调，它可以在较小的范围内调整图像的明暗，比如高光、1/4色调、中间调、3/4色调或者暗部，通过应用不同的曲线形态来控制画面的明暗对比效果。

打开一张曝光不足的宝贝照片，执行"图像＞调整＞曲线"菜单命令，在打开的对话框中可以对曲线的形态进行调整。由于原照片画面偏暗，因此需要将曲线中间调上的控制点单击并向上提高，由此使得照片变亮，让画面恢复正常的曝光显示效果，具体设置和效果如右图所示。

此外，"曲线"对话框中的"预设"选项也可以快速对照片的影调进行调整，选择预设选项的同时，曲线也会发生相应的变化。

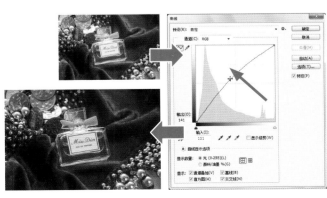

2.3.2　校正白平衡　还原真实色彩

如果受环境光线影响和白平衡设置不当，拍摄出来的照片色彩和人眼看到的效果会不同，因此后期处理中的色彩校正就显得很有必要了，它可以让照片中的宝贝恢复真实的色彩，避免给顾客带来视觉上的误差，引起不必要的误会。接下来对Photoshop中的"色彩平衡"功能进行讲解，它能够快速对照片的白平衡进行校正，让宝贝的色彩真实、自然。

在Photoshop中的"色彩平衡"命令能够单独对照片的高光、中间调或者阴影部分进行颜色更改，通过添加过渡色调的相反色来平衡画面的色彩。打开一张偏色的宝贝照片，执行"图像＞调整＞色彩平衡"菜单命令，在打开的"色彩平衡"对话框中进行设置。由于原照片过于偏黄，因此需要增强照片中的冷色调，还原画面真实的色彩，其具体的设置和前后效果如下图所示。

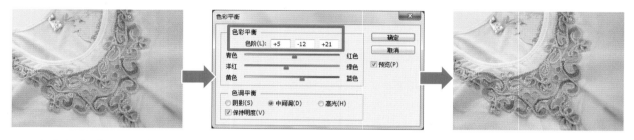

根据"色彩平衡"命令的工作原理，可以为宝贝照片应用暖色调或者冷色调，即利用颜色的互补原理平衡照片的色调。在该对话框的"色彩平衡"选项组中，每一个滑块的两端都各自对应着一个暖色和一个冷色，向需要添加更多该颜色的方向移动滑块，就可以在画面中提高对应颜色的比例，如需要增强画面的蓝色，可以将滑块向蓝色选项靠近。

为了让调整的效果更加准确，还可以利用"色调平衡"选项组中的"阴影""中间调"和"高光"选项来控制调整的范围，针对不同的图像区域进行有目的的调色操作。如左图所示就是针对"高光"进行调色的效果和相关设置。

专家提点

在使用"色彩平衡"命令对照片的颜色进行调整的过程中，"色彩平衡"对话框中勾选"保持明度"复选框后可以防止图像的亮度值随着颜色的更改而发生变化，它可以保持图像的色调平衡；如果未对其进行勾选，调整后的效果将出现一定的差异。

2.3.3 改变商品色调 营造特殊氛围

在调整宝贝照片的色调和影调的时候，除了纠正色彩以外，还可以在后期调色操作中赋予画面全新的色调，让照片的色彩表现更为独特，使其更符合商品所要传递的思想和情感。接下来就通过具体的操作来讲解如何紧跟潮流，打造当下网店流行的色调。

在Photoshop中可以使用"照片滤镜"来模拟相机镜头上安装彩色滤镜的拍摄效果，它可以消除色偏或对照片应用指定的色调，使画面得到所需的色调。打开一张正常色调的洋酒商品照片，可以看到画面中的洋酒色调平淡，不能营造出特定的氛围，执行"图层>调整>照片滤镜"菜单命令，在打开的对话框中选择"滤镜"下拉列表中的"深褐"选项，设置"浓度"为50%，可以看到画面呈现出复古的色调，与照片中宝贝的包装和造型更加匹配。

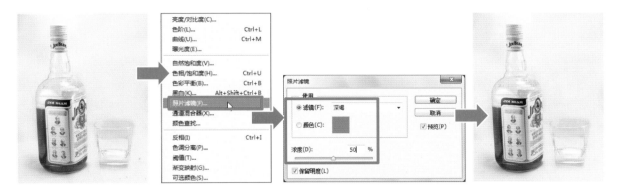

还有的商品，虽然真实的色调可以反映出宝贝的颜色，但是却使其失去了原有的品质，不能淋漓尽致地表现出宝贝高档、雅致的效果。例如，下图所示的紫砂壶照片，由于使用了黄色的丝缎作为商品的背景，本意是想烘托出紫砂壶的昂贵和档次，但是原本的色彩使其画面缺乏和谐感，如果在后期中使用"照片滤镜"赋予画面暖色调，这样得到的效果更佳，更能吸引顾客的目光。

现在很多的网店为了突显出店铺的风格，在调整宝贝照片的过程中，会适当将商品的色调进行整体的统一处理。例如，森女系的商品照片，通常都会呈现出淡淡的怀旧色；而小清新风格的商品则会表现出略淡的青绿色或者偏黄的色调。但是这些处理的前提是最好不要让商品的颜色太失真，否则就会因为色差而让顾客对商品色彩感到失望。

2.4 抠图——精确选取替换背景

在网店装修的过程中，制作首页欢迎模块，或者是设计详情页面时，都会遇到需要将商品从背景中抠取出来的情况，因为只有将商品抠取出来之后，才能进行自由的合成和设计。那么抠取商品有哪些方法呢？什么样的背景又分别使用什么样的抠取方法呢？这些问题都会在本小节的知识中一一解答。

2.4.1 单色背景的快速抠取

在商品照片中，如果商品的背景为纯色，且商品的颜色与背景的颜色相差太大，可以使用Photoshop中的"快速选择工具"和"魔棒工具"进行操作，将商品快速地抠取出来。

① 快速选择工具

"快速选择工具"利用可调整的圆形画笔笔尖快速"绘制"选区，拖动鼠标时，选区会向外扩展并自动查找和跟随图像中定义的边缘。

打开一张纯色背景的饰品照片，选择"快速选择工具"，在其选项栏中设置其选项的参数，接着在浅色的背景上单击并拖曳鼠标，此时会根据拖曳鼠标的范围自动创建选区，继续之前的操作，直到将饰品外部全部框选到选区中，具体如下图所示。

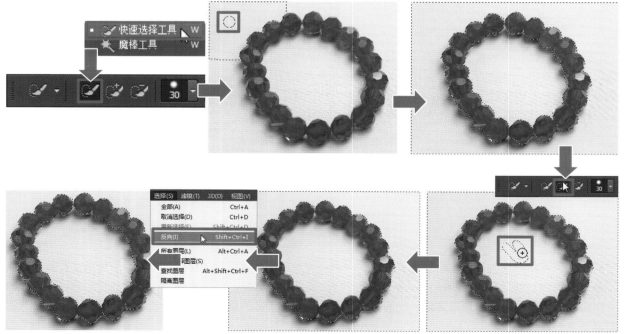

继续使用"快速选择工具"进行编辑，在选项栏中进行重新设置，在手链的内部进行涂抹，直到将内部的纯色图像全部选中，此时所有的纯色背景都在选区中，执行"选择>反向"菜单命令，对选区进行反向的选取，即可将手链选中，完成商品的抠取操作。在使用"快速选择工具"的过程中，注意"自动增强"复选框的功能，它能够减少选区边界的粗糙度和块效应，会自动将选区向图像边缘进一步流动并应用一些边缘调整。

专家提点

在使用"快速选择工具"建立选区时，按右方括号键】，可增大"快速选择工具"画笔笔尖的大小；按左方括号键【，可减小"快速选择工具"画笔笔尖的大小。

② 魔棒工具

"魔棒工具"可以选择颜色一致的区域，而不必跟踪其轮廓，指定相对于单击的原始颜色的选定色彩范围或容差，它的操作比"快速选择工具"更加快捷，只需在需要选取的位置单击一下鼠标，就能创建选区。

打开一张背景色彩相对单一的商品照片，选择工具箱中的"魔棒工具"，在其选项栏中设置"容差"为20，使用鼠标在背景上单击，即可将与单击位置色彩相似的图像选中，接着继续使用该工具进行操作，就能将除了商品之外的其他图像选中，再进行反向选取，即可将商品抠选出来，具体如下图所示。

在使用"魔棒工具"的过程中，设置"容差"选项的参数会影响选取的范围，它以像素为单位输入一个值，范围介于0到255之间。如果值较低，则会选择与所单击像素非常相似的少数几种颜色；如果值较高，则会选择范围更广的颜色。

2.4.2 规则对象的抠取

对于一些外形较为规则的商品，例如矩形或者圆形，这些商品的抠取则可以通过Photoshop中的"矩形选框工具"和"椭圆选框工具"来进行快速选取，使用这两个工具创建的选区边缘更加平滑，能够将商品的边缘抠取得更加准确。接下来本小节将对这两个工具进行讲解。

① "矩形选框工具"抠取方形商品

"矩形选框工具"主要是通过单击并拖曳鼠标来创建矩形或者正方形的选区，当商品的外形为矩形时，使用该工具可以快速将商品框选出来，以更改背景的颜色。

在Photoshop中打开一张外形为矩形的商品照片，在画面中我们可以看到墙上的画框为标准的矩形外观，想要将其抠选出来，先选择工具箱中的"矩形选框工具"，接着在图像窗口中单击并拖曳鼠标创建选区，即可将画框抠选处理，具体的操作如下图所示。

② "椭圆选框工具"抠取圆形商品

"椭圆选框工具"的使用与"矩形选框工具"的使用方法相同，都是通过单击并拖曳鼠标来创建选区的，不同的是"椭圆选框工具"创建的是椭圆或者正圆形的选区。但是这两个工具在使用的过程中，都可以通过按住Shift键的同时创建出正方形或正圆形的选区。

打开一张外形为圆形的商品照片，选择工具箱中的"椭圆选框工具"，在图像窗口中单击并拖曳鼠标，创建椭圆形的选区，将指南针框选出来，抠取商品后替换图像的背景，具体操作如下图所示。

专家提点

在使用"矩形选框工具"或者"椭圆选框工具"的过程中，若要重新放置矩形或椭圆选框，请先拖移以创建选区边框，在此过程中要一直按住鼠标按键，然后按住空格键并继续拖动。如果需要继续调整选区的边框，应先松开空格键，但要一直按住鼠标按键。

2.4.3 多边形对象的抠取

在大部分的时候，我们所接触到的商品的形状并不是非常的规则，此时，"矩形选框工具"和"椭圆选框工具"就不能很好地完成商品的抠取。如果商品的外形为多边形的外观，并且具有非常明显的棱角的时候，使用"多边形套索工具"可以快速地完成商品对象的抠取，接下来我们一起来学习一下多边形对象的抠取方法。

在Photoshop中打开一张礼品盒的照片，选择工具箱中的"多边形套索工具"，用"多边形套索工具"在礼品盒边缘上单击作为选区的起始位置，移动鼠标位置可以查看到自动创建的与起始位置相连接的直线路径，再次单击鼠标设置单边的选区路径，多次单击鼠标创建多边形选区路径，当终点与起始点位置重合时，释放鼠标即可创建闭合的多边形选区，具体操作如下图所示。将礼品盒添加到选区后，就可以对其背景色进行更改了。

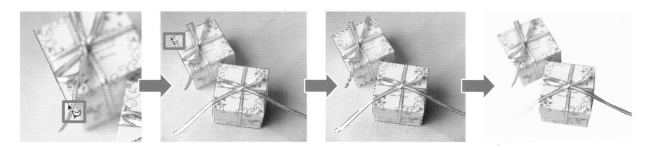

当商品照片中存在多个多边形对象的时候，"多边形套索工具"也能很好地完成商品的抠取任务。首先将其中一个多边形对象抠取出来，接着单击工具栏中的"添加到选区"按钮，继续使用"多边形套索工具"创建选区，就能把所有的多边形对象抠选出来，如下图所示。

使用"多边形套索工具"抠选多边形商品，有以下一些技巧：若要绘制直线段，将鼠标指针放到第一条直线段结束的位置，然后单击，继续单击，设置后续线段的端点；若要绘制一条角度为45°的倍数的直线，在移动鼠标时按住Shift键以单击下一条线段；若要绘制手绘线段，按住Alt键并拖动鼠标；完成后，松开Alt键以及鼠标按钮即可；若要抹除最近绘制的直线段，按下Delete键即可。

2.4.4　轮廓清晰图像的抠取

对于一些边缘轮廓清晰，且不规整的商品来说，使用"磁性套索工具"进行抠取更容易，但是商品与背景色之间的颜色或者明暗最好存在较大的反差，否则抠取的效果会不理想。

"磁性套索工具"特别适用于快速选择与背景对比强烈且边缘复杂的对象。在Photoshop中打开一张化妆品照片，选择工具箱中的"磁性套索工具"，在其选项栏中对该工具的相关设置选项进行调整，接着在图像窗口需要选取的化妆品边缘上单击，沿着化妆品边缘移动鼠标，即可在鼠标移动的位置自动创建带有锚点的路径，双击鼠标将起点与终点位置进行合并，自动创建出闭合的路径，即可将化妆品框选到选区中，具体操作如下图所示。

在使用"磁性套索工具"抠选商品的过程中，该工具中的"频率"选项设置较为关键，它可以指定套索以什么频度设置紧固点，较高的数值会更快地固定选区边框，也会让抠取的图像更加精确，如下图所示分别为不同"频率"选项设置参数的锚点创建的效果。

"磁性套索工具"工具选项栏中的另外一个参数也是值得注意的，那就是"对比度"选项，它可以指定套索对图像边缘的灵敏度，在"对比度"选项的数值框中输入一个介于1%和100%之间的值即可，较高的数值将只检测与其周边对比鲜明的边缘，较低的数值将检测低对比度边缘。用户可以根据商品照片实际的色彩对比和明暗对比情况来对"频率"和"对比度"选项的参数进行设置。

专家提点

在使用"磁性套索工具"时，若要启动"多边形套索工具"，可以按住Alt键的同时单击鼠标。

2.4.5 精细图像的抠取

在前面我们讲解了单色背景、规则对象、多边形对象和轮廓清晰对象的抠取，但是这些抠取图像的方法都只能在对画质要求不高的情况下使用，在进行网店装修的过程中，如果需要制作较大画幅的欢迎模块或者海报时，这些方法可能会让抠取的商品边缘平滑度不够，甚至产生一定的锯齿。对于抠取质量要求较高，且商品边缘不规整的商品，使用"钢笔工具"抠取最能保证其抠取的效果，让合成的画面精致而生动。

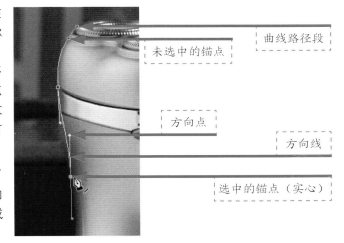

在使用"钢笔工具"进行抠图时，我们会在图像的边缘上绘制出路径，路径是矢量的，也称作路径的线条。在学习"钢笔工具"抠图之前，我们先来认识一下路径的组成，路径由一条或多条直线或曲线线段组成，每条线段的起点和终点由锚点标记。路径可以是闭合的，也可以是开放的并具有不同的端点。通过拖动路径的锚点、方向点或路径段本身，可以改变路径的形状。

右图所示中我们可以看到，路径中包含了曲线路径段、选中的锚点、未选中的锚点、方向线、方向点等，通过这些元素进行组合，就形成了完整的路径效果。

在认识路径之后，接下来就可以使用"钢笔工具"来进行抠图操作了，用"钢笔工具"抠图一定要养成放大图片的习惯，放得越大，抠取的边缘越细致。

按下快捷键P或直接选择工具箱中的"钢笔工具"，在打开的剃须刀图片中开始抠图的地方点击一下，就出现了一个钢笔锚点。沿着剃须刀的边缘再点击第二个锚点，不要松开鼠标左键，拖动一下，就会出现一对控制操作杆，这时会发现两锚点之间的线条变成弧度，按住Alt键可以对锚点的控制杆进行调整，以改变路径线段的弯曲弧度，完成路径的绘制后合并路径。

使用"钢笔工具"在剃须刀的边缘创建路径之后，接着单击鼠标右键，在弹出的菜单中选择"建立选区"菜单命令，打开"建立选区"对话框，根据设计的需要设置参数，确定设置并关闭"创建选区"对话框后，在图像窗口中可以看到剃须刀被框选到了选区中，如下图所示。

"钢笔工具"包含了三种不同的编辑模式，即"形状""路径"和"像素"，这三种模式所创建出来的对象是不同的。在使用"钢笔工具"进行抠图的过程中，通常情况下会使用"路径"模式来进行操作。

专家提点

对封闭的路径，要删除某个锚点，不要用Delete键直接删除，否则会造成整个路径也一并删除了，正确的方法应该在该锚点上用"直接选择工具"点击变成实心锚点，然后单击鼠标右键，在右键菜单中选择"删除锚点"命令。

2.4.6 复杂或半透明图像的抠取

在网店装修的过程中，常常会处理一些特殊的对象，例如模特杂乱的发丝、半透明的玻璃等，这些对象的抠取就不能只依靠单一的工具来完成了，需要使用到一些特殊的命令或者面板，进行一些较为复杂的操作才能完成。接下来就对通常抠取发丝，用"色彩范围"抠取半透明图像的操作进行讲解，帮助读者掌握更多的商品抠图的技巧。

① 使用通道抠图

在对一些轮廓较为复杂的图像进行抠取时，可以通过复制通道的方式进行精细的抠图，先在"通道"面板中复制对比度较为强烈的颜色通道，接着使用"画笔工具"对通道中的图像进行编辑，然后将通道中的图像创建为选区，并对选区中的图像进行复制，完成抠图后再对抠取的对象进行合成。接下来就以抠取模特复杂的发丝为例，以操作顺序的方式仔细讲解其具体的操作方法。

Step 01 在Photoshop中打开一张服装模特照片，在图像窗口中看照片的原始效果，可以发现发丝非常复杂。接着打开"通道"面板。

Step 02 在"通道"面板中可以看到"绿"通道中的图像对比度最强烈，接着单击鼠标右键，在打开的快捷菜单中选择"复制通道"命令，在弹出的对话框中直接单击"确定"按钮，完成通道的复制操作。

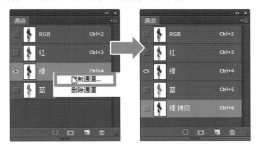

Step 03 选中"绿拷贝"通道，执行"图像>调整>色阶"菜单命令，在打开的对话框中设置"绿拷贝"通道下的色阶值分别为0、0.87、255。

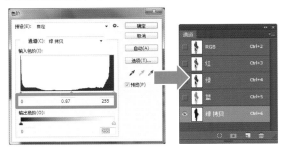

Step 04 单击"绿拷贝"通道，进入该通道，选中工具箱中的"画笔工具"，设置前景色为黑色，用该工具在人物身上涂抹，将人物图像涂抹成黑色。

Step 05 在对"绿拷贝"通道编辑的过程中，头发边缘位置可以不进行编辑，只对面部、衣服、手臂和脚部进行涂抹，在图像窗口中可以看到效果。

Step 06 选中"绿拷贝"通道，执行"图像>调整>反相"菜单命令，将通道中的图像进行反相，在图像窗口中可以看到人物显示为白色。

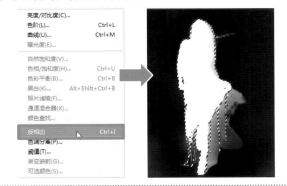

Step 07 单击"通道"面板下的"将通道图像载入选区"按钮，接着单击"RGB"通道显示彩色图像，按下Ctrl+J快捷键将选区中的图像进行复制。

Step 08 完成人物的抠取后，就可以通过添加背景图像来对抠取后的人物进行合成了。合成后，可以看到人物的头发显得非常自然。

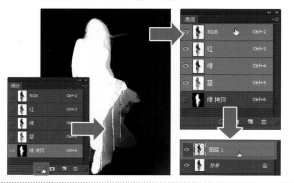

② 使用"色彩范围"抠取半透明区域

对于一些半透明的商品，使用"色彩范围"命令可以快速将其抠选出来，只需在Photoshop中执行"选择＞色彩范围"菜单命令，在打开的"色彩范围"对话框中进行设置，完成后单击"确定"按钮，即可创建出选区，通过对创建的选区添加图层蒙版，可以将玻璃部分抠取出来，具体的操作如下图所示。

在"色彩范围"对话框中有一个预览区，预览由于对图像中的颜色进行取样而得到的选区。默认情况下，白色区域是选定的像素，黑色区域是未选定的像素，而灰色区域则是部分选定的像素。

专家提点

若要在"色彩范围"对话框中的"图像"和"选区"预览之间切换，只需按住Ctrl键即可。

2.4.7 让抠取的商品图片边缘更理想

在我们使用Photoshop中的选区工具创建选区并抠取商品图片的过程中，都可以看到这些工具的选项栏中有一个"调整边缘"选项，单击这个按钮，或者执行"选择＞调整边缘"菜单命令，可以打开"调整边缘"对话框，如下图所示。该对话框中包含了多个选项，可以对选区边缘的羽化、对比度、伸缩度进行细微的调整，让创建的选区更加准确。

"调整边缘"对话框中的"智能半径"用于自动调整边界区域中硬边缘和柔化边缘的半径；"半径"用于控制选区边界的大小；"平滑"用于减少选区边界中的不规则区域，以创建较平滑的边缘轮廓；"羽化"用于模糊选区与周围像素之间的过渡效果；"对比度"选项增大时，选区轮廓的柔和边缘的过渡会变得不连贯，通常情况下，使用"智能半径"选项和调整工具效果会更好；"移动边缘"选项为负值向内移动柔化选区的边缘，为正值向外移动选区轮廓，向内移动选区轮廓有助于从选区边缘中移去不想要的背景颜色。

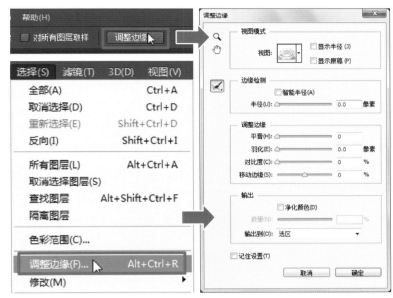

打开一张已经使用图层蒙版进行抠图的商品照片，在其中选中图层蒙版缩览图，接着执行"选择＞调整边缘"菜单命令，在打开的"调整边缘"对话框中对选项的参数进行设置，通过编辑后可以发现，抠取的商品图片效果更加的理想，具体如下图所示。

通过"调整边缘"对话框中的设置，可以将已经羽化过的选区变得更加的锐利，也可以让没有羽化的选区边缘有渐隐的视觉效果，当我们在使用"调整边缘"中的设置对抠取的商品图像进行操作时，一定要以实际的网店装修需要为编辑标准，力求抠取的商品精确而美观。

2.5 文字——辅助商品信息的表现

在进行网店装修时，对商品的照片进行处理是必不可少的装修环节，当完成商品照片的美化和修饰后，如何能让顾客了解更多的商品信息，是装修中需要做的另外一项工作。无论是网店中的店招、导航，还是活动海报，这些模块中都会包含用于传递信息的文字。因此，文字的编辑对于网店装修来说同样的重要。

2.5.1 输入信息并进行设置

在网店装修的文字编辑工作中，为处理好的商品照片添加文字是第一项工作，添加文字后，可以通过相关的设置对文字的字体、字号、字间距、颜色等进行调整，使得文字的外形和色彩符合当前画面的风格，能够准确地传递出商品的信息。

在Photoshop中打开一张已经处理好的商品照片，选择工具箱中的"横排文字工具"，在需要添加文字的位置上单击，当单击位置显示出可输入状态时，将所需的文字信息输入到其中，然后执行"窗口 > 字符"菜单命令，打开"字符"面板，在其中对文字的相关属性进行设置，并适当调整文字的位置，即可完成文字的添加操作。具体编辑和设置如下图所示。

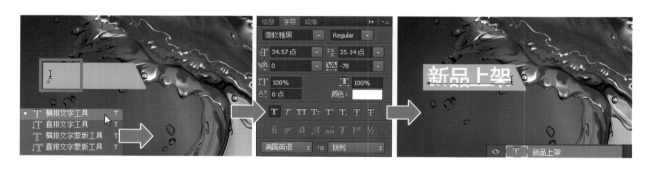

在Photoshop中除了可以使用"横排文字工具"为画面添加上横排的文字以外，还可以使用"直排文字工具"添加竖排的文字，这两个工具的使用方法相似。想要添加文字且控制其显示的范围，还可以使用文字工具在图像窗口中单击并拖曳，创建字符流边界，再输入文字即可，如下图所示。

当创建文字时，"图层"面板中会添加一个新的文字图层。创建文字图层后，可以编辑文字并对其应用图层命令。不过，在对文字图层进行栅格化处理之后，Photoshop会将基于矢量的文字轮廓转换为像素。栅格化文字不再具有矢量轮廓并且再不能作为文字进行编辑。

2.5.2 打造具有创意的标题文字

为了让文字的表现主次分明，有时候会通过字体的大小、颜色等来进行突出，但是很多时候单一的字体并不能淋漓尽致地表现出商品或者节日的气氛，此时需要打造具有创意的、独特的艺术化标题文字，来让主体文字与辅助文字信息之间产生强烈的反差，由此表现出强烈的视觉冲击力。

标题文字的编辑不外乎两种方式，一种是通过为文字添加上不同的"图层样式"来丰富标题文字的表现；另一种是对文字的外观进行重新设计，制作出艺术化的字体效果。

① 使用"图层样式"修饰标题文字

使用"图层样式"对标题文字进行修饰，可以随时对其选项参数进行调整，且不会影响文字图层本身的属性。如右图所示的标题文字，单单通过"字符"面板中的设置并不能很好地突显出其特点，当使用了"渐变叠加"样式进行修饰后，文字的表现更为丰富，体现出"省钱"这个概念的特点，让文字含义表现更形象。

② 对文字的外观进行艺术化的设计

对文字的外观进行艺术化的设计，在网店装修中经常会遇到，为了让文字的风格更加符合设计的主题，设计师往往会通过重新绘制、添加修饰形状等方式来完成标题文字的艺术化设计。

如下图所示的"卓越生活""剃须刀"文字，就是使用Photoshop中的"矩形工具"进行绘制的效果，通过直角、简约的文字来表现出男性坚硬、硬朗的性格特点，更加符合剃须刀的形象，最后再使用"投影"

样式进行修饰，让标题文字的外观更具欣赏性和层次。

值得注意的是，标题文字的艺术化设计需要设计师具有敏锐的观察力和洞悉能力，能够理解商品的特点和节日的特点，通过自身对美的理解来进行创作，才能最终获得较为优秀的设计作品。

2.5.3　段落文字的艺术化编排

文字作为视觉传达的重要组成部分，是除图片和色彩之外的又一重要的视觉构成要素。在网店装修的设计中，文字编排设计得好坏，将会直接影响信息的视觉传达效果。为了更好地表现装修作品内容和调动读者的阅读兴趣，在文字编排方面，段落文字编排艺术化的设计形式正逐渐成为一种时尚。

对右图所示的三幅网店装修作品来说，除了根据版面布局来对段落文字的对齐方式进行调整以外，在设计中还对每段文字的字体、大小进行有效的调整，使得段落文字的主次更加的分明，提高了段落文字的可读性，避免大段的文字给顾客造成阅读上的障碍，增加了顾客阅读的兴趣。

在Photoshop中对段落文字进行艺术化的编排，可以将"字符"和"段落"面板相互搭配使用，利用"横排文字工具"或者"直排文字工具"将段落文字中的部分文字选中，对个别文字进行字体、字号或者色彩调整，提高段落文字主次关系的表现力，具体操作如下图所示。

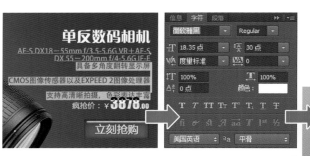

除了上述的方法以外，还可以使用"段落样式"面板来对段落文字进行快速的编辑，"段落样式"包括字符和段落格式设置属性，可应用于一个或多个段落，还能自定义创建"段落"样式并在以后应用它们，由此提高段落文字编排的效率。

Chapter 03

专业配置

—— 网页制作、配色及相关软件

在网店装修中，除了使用Photoshop对商品照片与装修页面进行处理和设计以外，网页切片的编辑、代码的生成、配色的借鉴和一些网店装修的辅助操作等，需要使用其他的软件来帮助完成，在本章中将对Dreamweaver、ColorSchemer Studio、Adobe Kuler和淘宝装修辅助软件进行介绍，帮助用户在网店装修的过程中能够旗开得胜、事半功倍，合理地利用辅助的软件对网店装修工作进行协助，能够大大地提升工作的效率，接下来就让我们一起来进入学习吧。

本 章 重 点

- Dreamweaver
- ColorSchemer Studio
- Adobe Kuler
- 装修百宝箱

3.1 Dreamweaver——编辑网页随心所欲

Dreamweaver是一个专业的网页编辑和制作工具，在进行网店装修的过程中，该软件会帮助我们完成很多工作，例如利用软件中的表格来制作宝贝描述信息、在网店页面中插入图像、为特定的区域添加超链接、将设计的图片制作成装修代码等，这些操作都可以在Dreamweaver中完成，接下来让我们对具体的操作进行讲解。

3.1.1 利用表格标记宝贝描述信息

作为一些鞋帽服装类的卖家，由于经营产品的特殊性，经常要在自家宝贝描述当中为宝贝的实际尺寸列举出具体的数据，以方便顾客挑选到适合自己的尺码。利用Dreamweaver中的表格可以快速制作出宝贝描述信息，接下来将通过具体的步骤来对其操作进行讲解。

Step 01 在电脑上安装Dreamweaver CC之后，双击桌面上的快捷图标，启动Dreamweaver CC应用程序，成功启动之后，单击欢迎界面中"新建"下方的HTML，新建一个基本的HTML文件。

Step 02 在Dreamweaver的界面中将显示出基本HTML文件的代码，在代码的<body>后面单击，即在该位置添加表格，接着单击右侧"插入"面板"常用"下拉列表中的"表格"按钮。

Step 03 弹出"表格"对话框，由于我们需要一个6行、6列的表格，宽度为740像素，表格的边框粗细为1像素，那么接下来我们就根据设计的需要，对行、列、表格宽度及参数进行设置，其他的参数就不要调整，在"标题"选项组中选择"无"，各项参数设置完毕之后，直接点击"确定"按钮即可。

Step 04 单击"表格"对话框中的"确定"按钮之后，单击"拆分"按钮，将代码和表格同时显示，此时在"代码"区域中可以看到代码发生的变化，其中的"<table width="740" border="1">"表示表格的宽度和边框的粗细。

```
<body><table width="740" border="1">
```

Step 05 在创建表格之后，使用鼠标在表格区域单击，即可在其中输入所需的文本信息。完成信息的输入之后，为了让表格呈现出来的效果更精致，将其全部选中，在"属性"面板中设置其"水平"对齐方式为"居中对齐"。

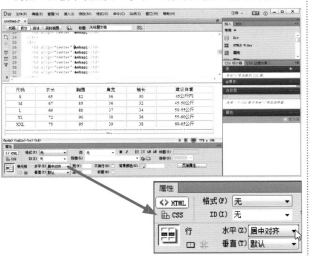

Step 06 为了让表格中的信息更加便于辨识，还需要对部分单元格中的背景颜色进行调整，使用鼠标在表格上单击并拖曳，将第一行表格选中，在"属性"面板的"背景颜色"选项下拉列表中设置其背景色彩。

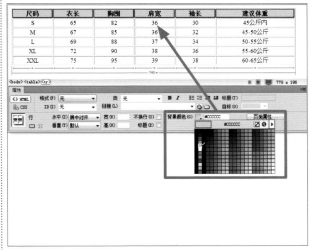

Step 07 使用与**Step06**中相同的方法，将其余部分表格的色彩进行调整，完成背景颜色的设置后，为了让我们更加直观地查看到网页中展示的表格效果，接着我们单击代码区域上方的"实时视图"按钮，此时表格预览区域中显示的表格即为网页中表格显示的效果，如下图所示。

尺码	衣长	胸围	肩宽	袖长	建议体重
S	65	82	36	30	45公斤内
M	67	85	36	32	45-50公斤
L	69	88	37	34	50-55公斤
XL	72	90	38	36	55-60公斤
XXL	75	95	39	38	60-65公斤

Step 08 我们在预览表格的过程中，会发现表格的层次不够明显，在Dreamweaver中可以通过修改代码来对表格的宽度进行轻松的调整，在需要调整表格宽度的<tr>后面单击鼠标，按下键盘上的空格键，此时代码区就会自动弹出行的属性选择框，在其中选择"height"属性，并在双引号中输入40，即调整该行表格的高度为40，此时在表格预览区域中可以看到编辑后的第一张表格的高度产生了变化。

Step 09 完成表格的编辑后，接着我们可以通过对表格进行存储，在浏览器中来预览表格的显示效果。首先执行"文件>另存为"菜单命令，在打开的"另存为"对话框中对存储文件的名称和格式进行设置，完成设置后，双击存储的HTML文件，即可在浏览器中看到编辑的表格。

　　想要编辑完成的表格在网店的宝贝详情页面中进行使用，可以在Dreamweaver中完成表格编辑后，在"代码"区域按下Ctrl+A快捷键进行全选，接着按下Ctrl+C快捷键进行复制，最后进入淘宝后台卖家中心，在出售中的宝贝栏目里选择需要编辑的宝贝，用淘宝编辑器打开，选择"源代码模式"，粘贴Dreamweaver中制作的代码，并进行保存。即可得到相应的产品描述表格，在网页中显示的结果还是文本格式的，可以通过在代码区域任意编辑表格内的数据，也不需要抓图和上传图片了，这样可以节约大量的存储空间，也便于再次编辑。

3.1.2 在网店页面中插入图像

在Dreamweaver中还可以轻松地为设计的网店插入所需的图像，其操作也非常的简单，接下来我们还是以步骤的方式来对其操作进行讲解，具体如下。

Step01 以前面创建的表格的**HTML**文件为例，需要在其后面添加一幅客服区的图像，先在表格的下方单击，接着打开"插入"面板，在"图像"下拉列表中选择"图像"选项，接着在"选择图像源文件"对话框中选中需要添加的照片，如下图所示。

Step02 在选中图像后单击"确定"按钮，Dreamweaver会弹出警示对话框，提示用户对文件进行另外的存储，直接单击"是"按钮，接着在打开的"复制文件为"对话框中单击"保存"按钮，如下图所示。

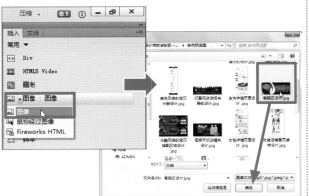

Step03 单击"复制文件为"对话框中的"保存"按钮之后，即可将图像插入到表格的下方。此时的图像大小为原始大小，为了让图像的大小与表格宽度一致，可以在按住**Shift**键的同时使用鼠标在图像直角位置单击并拖曳，调整图像的大小，如下图所示。

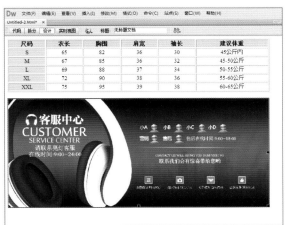

Step 04 将图像大小调整完成后，可以看到预览区域中图像中的内容存在锯齿，单击"属性"面板中的"提交图像大小"按钮，在弹出的对话框中直接单击"确定"按钮，即可在预览区域看到图像中的锯齿已消失。

在Dreamweaver中可以设置鼠标经过图像的图像变化效果，鼠标经过图像实际上由原始图像和鼠标经过的图像两个图像组成，原始图像就是首次载入页面时显示的图像，鼠标经过的图像就是当鼠标指针移过主图像时显示的图像。这两张图片要大小相同，如果它们的尺寸不同，Dreamweaver会自动调整两个图像直到大小一致。

单击"插入"面板"图像"下拉列表中的"鼠标经过图像"选项，在弹出的"插入鼠标经过图像"对话框中可以设置相关的选项，如右图所示。

在Dreamweaver中插入图像后，还可以对图像进行简单的亮度、对比度和锐化处理。单击"属性"面板中的"亮度/对比度""锐化"按钮，即可打开相应的对话框，在其中可以对相关的参数进行设置，对图像的显示进行简单的修饰和编辑，如下图所示。

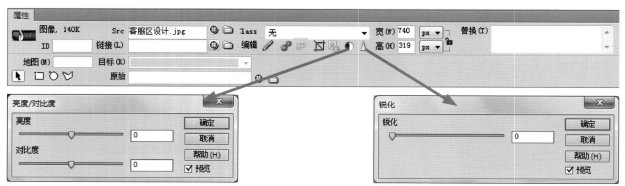

3.1.3 为特定区域添加超链接

在网店首页的装修中，常用会为了给顾客提供更多的信息，或者让顾客更方便地对某些区域的信息进行扩展了解，需要为特定的区域添加超链接。这里给大家介绍如何使用Dreamweaver给图片特定区域添加超链接，以本书中的案例图片为素材，给大家演示一下具体的操作步骤，具体如下。

Step 01 在Dreamweaver中新建一个基础的HTML文件，在其中通过执行"插入>图像>图像"菜单命令，将所需的图片插入到文件中，以"设计"模式进行查看，并适当调整图片的大小。

Step 02 单击"属性"面板中的绘制链接工具中的一个，即Rectangle Hotspot Tool按钮□，使用该工具在需要添加超链接的区域上单击并进行拖曳，绘制出链接的区域，此时该区域将以半透明的蓝绿色进行显示。

Step 03 绘制了链接区域之后，在弹出的警示对话框中单击"确定"按钮，接着在"属性"面板的"链接"文本框中将需要链接的网址复制到其中，这个网址一定要是与链接区域相关的，建议用户在进行此步骤操作时打开浏览器进行操作，直接复制浏览器中显示的网络地址。

Step 04 单击"代码"按钮，切换到代码模式进行显示，在代码区域中可以看到编辑后的代码内容，其中\<body\>和\</body\>中间的代码就是制作好的超链接的代码，读者可以用前面讲述的方法，为一个图片添加若干超链接，让网店装修中的内容更加丰富。

在对超链接的区域进行划定的过程中，除了使用传统的矩形来表现超链接的区域以外，还可以使用"属性"面板中其他两个工具进行操作，绘制出圆形或者多边形的超链接区域，如下图所示，让链接更加精准。

值得注意的是，在对图片进行超链接的编辑中，插入到Dreamweaver中的图片一定要是已经上传到网络的图片，在如右图所示的选中区域内的文字即为插入图片的网络地址，这个地址不能是本地计算机的地址，因为在将代码复制到网店装修后台时，只有网络地址能够让图片正常地显示出来。

此外，在超链接区域输入的"链接"地址也一定要是有效的网络地址，才能让链接生效。

3.1.4 为网店装修制作代码

网店装修中最常会提到的关键词就是"代码""装修模板"，其实这两个词语是息息相关的，很多出售装修模板的商家都只卖出代码，这些代码更多的是对网店风格进行定义，其中的商品图片都是需要手动进行修改的。如果我们已经将网店首页或者描述页面设计好，又如何使其能够在网络上正常地显示和使用呢？接下来我们将对设计好的网店首页进行切片处理，通过上传图片，并在Dreamweaver中以添加图片链接的方式，为网店装修制作出代码，具体的操作如下。

Step01 启动Photoshop CC应用程序，在其中将设计完成的侧边栏分类图片打开，接着选择工具箱中的"切片工具"，开始把图片切分开来。

Step02 使用"切片工具"在图片的左上角开始单击并进行拖曳，出现一个虚线框，然后释放鼠标，Photoshop会自动对切片进行标号，并将标号显示在切片的左上角位置，然后继续对图片进行切片处理。

Step03 将侧边栏中的图片全部分割为若干个切片，每个切片都可以添加一个链接，即用户在单击后需要链接其他界面的区域都要进行切片分割。完成后执行"文件＞存储为Web所用格式"菜单命令。

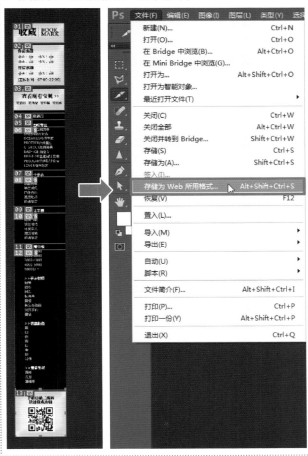

Step 04 执行"文件＞存储为Web所用格式"菜单命令之后，将打开"存储为Web所用格式"对话框，在其中会显示出切片后图片的效果和相关的设置，设置完成后直接单击"存储"按钮。

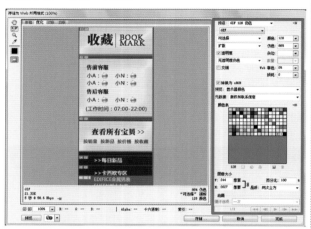

Step 05 在打开的"将优化结果存储为"对话框中进行设置，选择"格式"下拉列表中的"HTML和图像"选项，并对文件的存储路径和名称进行设置，完成存储后将得到一个HTML文件和一个文件夹。

Step 06 在存储后得到的文件夹中，会包含多个GIF格式的图片，也就是每个单独的切片中的图像，这些图片组合在一起就是一个完整的侧边栏，接着在网络相册中将这些照片全部上传到网络空间中。

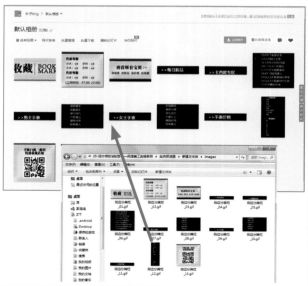

Step 07 启动Dreamweaver CC应用程序，在计算机中找到之前存储的HTML格式的文件，将其拖曳到Dreamweaver CC中打开，以"拆分"模式进行查看，可以看到相关的代码和图片。

Step 08 在上传的网络相册中打开其中一张图片，右键单击图片，在弹出的快捷菜单中选择"复制链接地址"菜单命令，将图片的网络地址复制到剪贴板中，接着在Dreamweaver中选中这张图片，选中之后这张图片的边缘将出现黑色的边框，在"属性"面板的**Src**文本框中将复制的地址粘贴到其中。

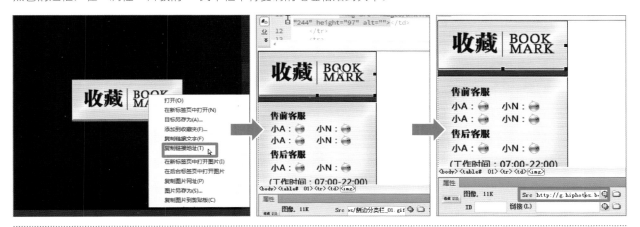

Step 09 将图片的**Src**设置完成后，在"拆分"模式下可以看到代码区域被选中的代码为上一步中粘贴进去的代码，而图片显示为一个灰色的图标，这个是正常的，表示图片地址替换成功。

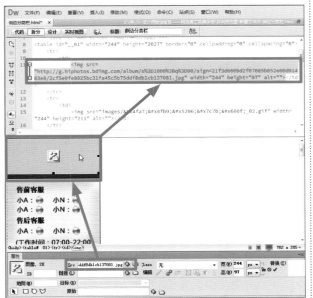

Step 10 将图像区域显示的所有切片的图片的**Src**文本框中的信息全部替换为网络相册中对应图片的网络图片地址，完成编辑后在代码区域按下**Ctrl+A**快捷键全部选中代码，右键单击鼠标在菜单中选择"拷贝"命令。

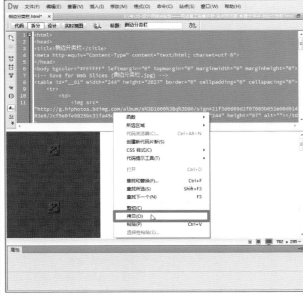

Step ⑪ 登录淘宝卖家账号，进入后台管理，在"店铺管理"中选择"店铺装修"选项，在进入装修页面中后，单击"添加模块"，新建一个模块，在"添加模块"对话框中选择"自定义内容区"，单击后面的"添加"按钮，在店铺中添加一个侧边栏自定义区域。

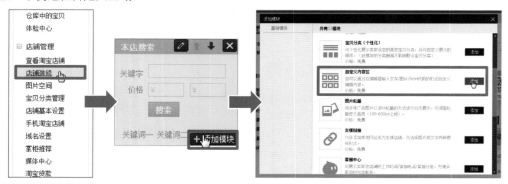

Step ⑫ 在"自定义内容区"中单击编辑按钮 ✎，在打开的"自定义内容区"对话框中勾选"编辑源代码"复选框，将Dreamweaver CC中拷贝的代码复制粘贴到其中，完成后单击"确定"按钮。

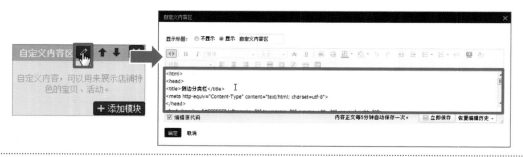

Step ⑬ 在"店铺管理"中单击"查看淘宝店铺"选项，此时淘宝会对装修完成的店铺进行自动刷新，就可以看到制作后的侧边栏显示在其中，如果在编辑图片代码的过程中为切片的图片添加了链接，单击侧边栏还会打开新的链接网页。

3.2 ColorSchemer Studio——玩转色彩魔方

当我们在进行网店装修时，时常是确定了某种基色，却为找不到相应的其他颜色予以搭配而一筹莫展，或者是颜色的搭配总是显得特别别扭，这些问题使用ColorSchemer Studio就能够解决，它只需要用户设置一个基础色，该软件就能快速帮你找到与该颜色相关的色彩，为你提供设计灵感。

3.2.1 寻找与基础色最匹配的颜色

ColorSchemer Studio是一款强大的配色软件，无论在界面、配色、取色、预览还是方案分享方面都无可挑剔。它的界面非常简洁，接下来根据软件的界面设计来讲解与基础色最匹配颜色的寻找方法。

1 设置基础色

使用ColorSchemer Studio软件界面左下角的"屏幕选取器" ✍ 可任意地吸取屏幕中的颜色并导入到颜色盘，界面左边有光谱板，下边有调色板，在计算机显示屏任何有颜色的地方单击鼠标右键，即可选取该颜色的RGB色和16进制色，当选取基础色之后，在界面的12色相环中最顶端将显示出选取的基础色，同时色相环上将显示出与之相匹配的11种颜色。

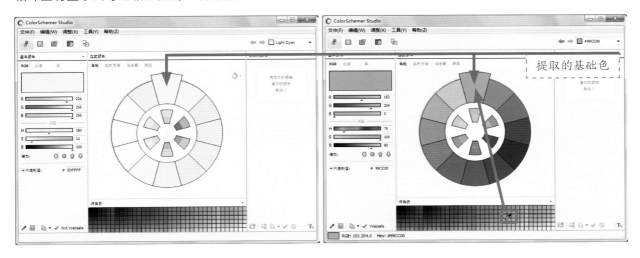

2 "实时方案"让色彩选择更自由

单击"匹配颜色"区域下方的"实时方案"，切换到"实时方案"标签，在该标签中可以看到基础色与其他两种颜色之间使用控制柄联系在一起，通过手动调整基础色之外两个控制柄的位置，可以改变配色。此外，单击"实时方案"右上角的 🔳 按钮，即可以切换到配色方案列表，显示效果，在其中会以成组的方式显示出与基础色搭配的多种配色方案，用户可以根据这些方案对网店装修进行配色设计。

专家提点

在"实时方案"标签中对配色进行设定时，如果此时更改基础色，那么相关的配色也会发生改变。

③ "合成器"分析两种颜色的渐变色

单击"匹配颜色"区域下方的"混合器"，切换到"混合器"标签，在该标签的左上角将显示出两种颜色，一种是提取的基础色，另一种是用户自定的其他颜色，默认为白色，标签中将对这两种颜色的渐变色进行分析，通过"方向"和"步骤"选项的设置，还可以定义渐变的方向和渐变所生成的颜色个数，如下图所示。

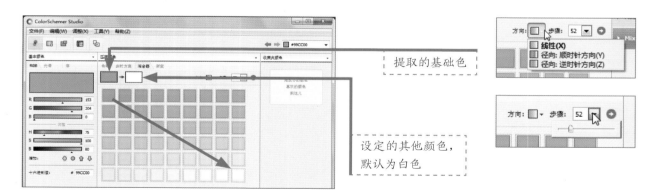

④ "渐变"分析基础色的变化

切换到"渐变"标签，在该标签中会显示出与基础色相关的变化色，基础色位于画面色块中心，也就是最大的一个正方形即为基础色，而其他的颜色色块是以基础色为基准进行变化后的色彩。

在"渐变"标签的左上角下拉列表中，可以选择基础色的变化准则，其中包含了"色相/饱和度""色相/亮度""饱和度/亮度"和"相关"四个选项，在标签的右上角，设置"亮度"选项的滑块还能够控制色彩变化的亮度。

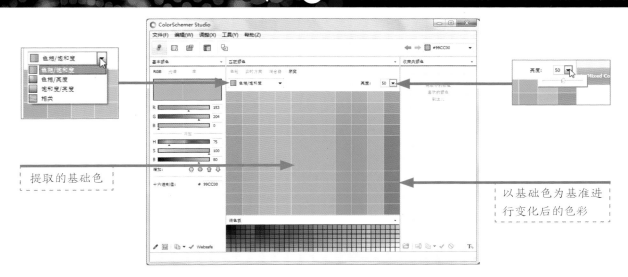

提取的基础色

以基础色为基准进行变化后的色彩

3.2.2　图库浏览器中搜索配色方案

ColorSchemer Studio不光提供几种自助的配色方法，软件自带的"图库浏览器"可直接连接到官网图库，里面有多达百万种现成的配色方案供用户选择和收藏，不过这些方案都是以英文命名的，搜索也只能用英文。

单击"图库浏览器"图标，切换到"图库浏览器"，在其中单击"连接"按钮，即可显示出官方图库中的配色，以分组的形式罗列出来，单击任何一组配色方案后面的"Add"按钮，可以将当前配色方案添加到"收藏夹颜色"区域，具体操作如下图所示。

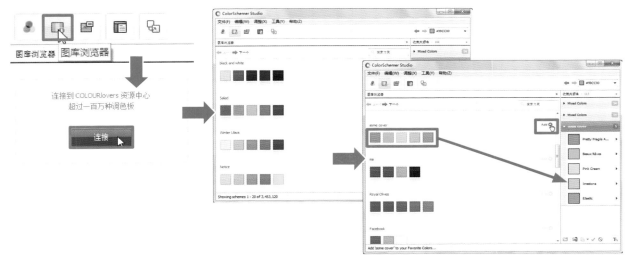

3.2.3 "快速预览"感受网店配色效果

在为网店首页或者是宝贝详情页面进行设计时，利用ColorSchemer Studio提供的快速预览方案功能，可以直接将收藏好的颜色拖到预览窗口的相应区域，实时地预览到配色所带来的视觉效果。

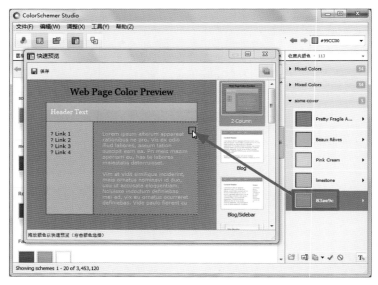

如右图所示，当单击"快速预览"图标后，将打开"快速预览"对话框，在该对话框的右侧会显示出几个基本的网页布局效果，选中所需的布局，将ColorSchemer Studio "收藏夹颜色"中的颜色拖曳到网页布局的文本或者模块的位置上，即可实时地预览到这种颜色所产生的效果，这样的操作可以让我们在网店装修之前提前预览到配色所带来的视觉效果。

3.2.4 获取图片中的配色

在网店装修初期的过程中，我们可能对整个网店的风格有一个限定，而不会将具体的配色在脑海中搜索出来，或许只是对某张图片的配色感兴趣，或许只是想根据商品图片的色彩来对页面进行配色。

当遇到上述问题的时候，我们急需解决的就是如何知道这些图片，或者商品照片的配色。在ColorSchemer Studio中切换到"图像方案"标签，将需要研究的图片导入到其中，软件可以自动地提取导入图片的配色，即图片中五个不同区域的颜色，显示在五个不同的色块中，用户可以根据提取的颜色来对网店进行配色，如左图所示。

3.3 Adobe Kuler——增强Photoshop的色彩工作方式

Kuler是一个基于网络的应用，它提供免费的色彩主题，它与Photoshop同属Adobe公司。在Kuler网站上，用户将会学习到如何发现颜色群，如何以这些颜色创建一个色彩主题，以及在Photoshop的扩展中如何快速地使用这些内容，接下来让我们走近这个能帮助用户节约时间且功能强大的产品——Adobe Kuler。

3.3.1 浏览和创建颜色主题

登录https://kuler.adobe.com/zh/create/color-wheel，可以进入Adobe Kuler网站，如下图所示，在Create页面中显示了一个圆形的色谱和五个色块，在色块的下方显示出了色谱条和相应的色值，使用鼠标在色谱条上的圆点上单击并拖曳，调整单个颜色的色相，此时Adobe Kuler会根据调整的颜色对其他四种颜色进行重新的定义。

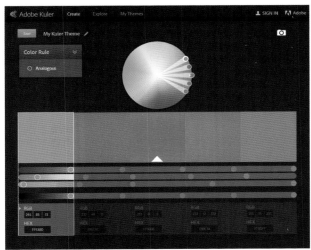
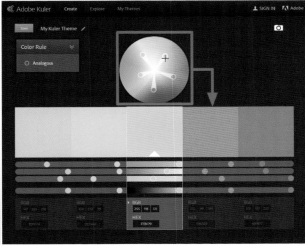

Kuler为快速创建新主题提供了极为高效的工具，除了可以选择不同的调色规则，使用交互式色盘、亮度以及不同颜色模式的滑块来建立颜色，也可以从图片中提取颜色，当然，也支持直接输入颜色代码。

在页面的Color Rule下拉列表中可以选择配比颜色的模式，即色彩的配色规则，如左图所示，在该下拉列表中包含了多个选择，可以以对比色、类似色或者浓度等配色规则对颜色进行搭配。

当用户确认色彩方案的编辑后，单击蓝色的"Save"按钮，即可对当前色彩方案进行存储，并在该按钮后面的文本框中输入配色方案的名称。

3.3.2 获取海量配色方案

在Adobe Kuler网站中单击Explore，可以获得海量的配色方案，如右图所示，我们可以用搜索框来精确寻找我们需要的颜色。如果想让所有人都能轻松地发现自己创建的主题，还可以通过该网站上传自己的配色。

在进行网店装修的过程中，如果我们缺乏配色的灵感，可以打开这个页面，从其中寻找到符合网店商品风格和店铺风格的配色，将配色应用到作品中。这样不但可以获得不错的效果，而且能提高网店装修的工作效率。

3.3.3 从图片创建颜色主题

Kuler还提供一个非常绝妙工具，就是从图片中提取颜色来生成主题，用户可以从本地上传或者使用Flickr相册里的图片。同样这里也有调色规则，Kuler提供了几种模式，即Colorful（五彩缤纷）、Bright（明亮的）、Muted（浅色的）、Deep（深色的）、Dark（灰暗的）和 Custom（自定）。选择色彩规则后，会自动从图片中提取生成颜色。通过移动标记点的位置，Kuler提取当前位置的颜色并在图片下面的主题预览中显示出来。Keler支持的图片格式有TIFF，JPEG，GIF，PNG和BMP。

3.3.4 直接添加颜色主题到"色板"

Kuler除了有网页版本的，还可以通过Photoshop进入其面板，在Photoshop中直接使用，它是在Photoshop CS4版本以后才加入到Photoshop软件中的，以扩展的形式出现，通过Kuler的RSS feed向我们提供资源，直接从Kuler的在线数据库载入颜色主题。

启动Photoshop应用程序，执行"窗口>扩展功能>Kuler"菜单命令，即可打开Kuler面板，如右图所示，在其中按照分组的方式罗列出了很多配色方案，每组配色方案包含了五种颜色，并且在色块的右侧显示出了配色的名称。

Kuler面板的"浏览"标签下面显示了当前上传的和可直接使用的颜色主题，值得注意的是，需要连接到网络，才能载入RSS Feed和颜色主题列表。我们可以浏览、搜寻和整理主题，使用方法和在网站上类似。在Kuler面板底部，可以看到向上和向下的箭头，用来查看上一页和下一页的内容。

"创建"标签显示的内容是Kuler网站上Create页面的缩小版，可以看到那些熟悉的强大功能，比如选择规则，调整颜色、亮度，设置基础颜色和关联颜色等，面板底部的三个按钮分别是保存主题、添加到色板以及上传到Kuler。

Kuler扩展面板中的左下角，第二个按钮为"将所选主题添加到色板"按钮，单击该按钮可以将当前Kuler面板中"创建"标签下的配色添加到"色板"面板中，如下图所示，可以任意选择颜色作为前景或背景，然后在网店装修中使用它们。

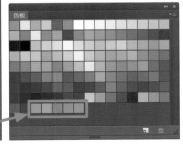

专家提点

在"创建"标签中想要对五个色块的颜色明度进行同时调整，应确保当前选中的颜色为"基色"，如果选中基色以外的其他颜色，只能对单个颜色的明暗进行调整。

3.4 网店装修百宝箱

在进行网店装修的过程中，除了使用Photoshop对店铺的外观进行设计，用Dreamweaver对网店的装修代码进行编辑以外，还可以使用其他的网店装修软件来对店铺进行美化，这些软件有的可以快速生成装修代码，有的可以对图片进行批量处理，有的可以快速制作简单的模块，等等，它们的使用可以大大提高网店装修的效率，具体如下。

3.4.1 淘宝装修助手

淘宝装修助手是为淘宝美工量身定做的一款辅助软件，该软件具有导航条CSS样式生成、固定背景代码生成、图片格式转换工具、阿里旺旺代码生成、域名二维码图片生成、淘宝旺旺采集器等诸多功能。

在该软件的左侧罗列出了在淘宝网中需要进行装修的各项内容，使用者可以根据装修需要选择其中一个进行操作，它的功能也非常简单。如右下图所示为使用淘宝装修助手设计客服中心的编辑效果，我们可以看到在其中可以通过设置公告背景色、公告内容、旺旺号等方式对客服区进行快速的设置，完成设置后可以单击"预览"按钮对设定的内容进行快速的浏览，如果确认这些设置和编辑，可直接单击"生成代码"按钮即可将编辑后的内容转换为代码，用户只需将代码复制粘贴到网店装修的后台代码区即可。

相比较于使用Dreamweaver将设计的页面转换为代码，使用淘宝装修助手可以让不懂Dreamweaver的菜鸟也能轻松制作装修代码，大大提高网店装修的效率。但是淘宝装修助手并不能完全解决所有问题，要根据实际的需要使用。

3.4.2 淘宝图片批量处理

淘宝图片批量处理是一款用来修改淘宝图片的工具。用户可以通过淘宝照片处理软件来缩小图片的尺寸，给图片加文字或者给图片打水印，更加重要的是它具有对图片进行批量处理的功能，使用户节省了宝贵的时间。

在淘宝图片批量处理的界面中，主要包含了"图片源文件夹""基本设置""文字水印""图片水印"和"处理后保存到"五个选项组，通过"图片源文件夹"可以对需要批量处理的照片进行选择；"基本设置"中主要对图片的大小、品质和旋转的角度进行设置；"文字水印"可以设置添加的文字水印的字体、字号、文字内容、水印的位置和不透明度等效果；"图片水印"可以设置水印的内容和位置；在"处理后保存到"可以设置图片处理后所存储的位置，具体如下图所示。值得注意的是，不要将"处理后保存到"的位置和"图片源文件夹"选择为同一个文件夹，如果两者指定为同一个文件夹，处理后的图片会覆盖"图片源文件夹"里的图片。

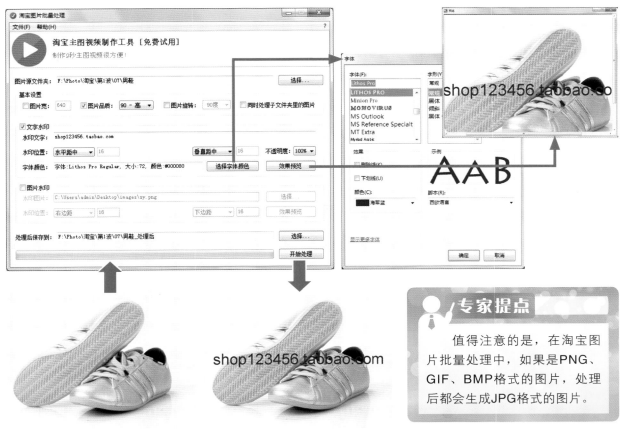

专家提点

值得注意的是，在淘宝图片批量处理中，如果是PNG、GIF、BMP格式的图片，处理后都会生成JPG格式的图片。

3.4.3 疯狂的美工装修助手

疯狂的美工装修助手是使用最简单、功能最强大、用途最广泛的天猫、淘宝店铺装修软件，能帮用户方便地装修店铺，无论你是精通PS等多项工具的计算机达人，还是连如何卸载一款软件都不大了解的新手，都能轻松掌控这款淘宝网店装修软件。

在"自定义工具区"中包含了多种网店装修中会进行的任务，通过图标的方式显示出来，用户只需单击即可对该项任务进行有条不紊的操作。

"固定模块特效"中设定了五种不同的模式，用户可以使用固定的特效模块，按照指定的尺寸设置图片，该软件就会把相应的特效应用到图片中。

在"助手操作教程"中以课时的方式对网店装修中较为重要的操作以视频的方式罗列出来，便于用户及时解决所遇到的问题；"美工设计软件"中则列出了与网店装修相关的、可能会使用到的软件，用户只需单击即可进入下载页面；"设计素材导航"中则以素材、设计参考、字体和论坛等形式对相关的网站进行分类，便于用户更加系统和全面地收集到装修的素材，对资源进行了有效的整合，具体页面效果如下图所示。

Chapter 04

网店首页

——给顾客带来信心与惊喜

在网店装修中，主要包含了网店首页的装修和单个商品页面的装修，其中网店的首页就好像实体店铺中的店招、导购人员、店面装饰与活动招贴等，它能够最直接地展示出店铺的特点与风格。网店的首页主要包括了店招、导航条、欢迎模块、客服和收藏区，这些元素是组成网店首页的基础元素，它们各自有着不同的作用，也分别具有不同的设计内容。接下来本章将对网店首页中的各个设计元素进行逐一讲解，让首页给顾客带来更多的信心与惊喜。

本章重点

- 店招
- 导航
- 欢迎模块
- 客服
- 收藏

4.1 招牌——店招与导航

网店首页的最顶端，是放置店招和导航的位置，它们的作用主要是为客户呈现出该网店的招牌，也就好像实体店中的店铺招牌一样，但是两者之间也存在一定的区别。接下来本小节将通过详细的讲解告诉读者网店装修中设计店招与导航的制作规范和技巧。

4.1.1 设计要点

店招就是网店的店铺招牌，从网店商品的品牌推广来看，想要让店招便于记忆，在店招的设计上就需要具备新颖、易于辨识、易于传播等特点。设计成功的店招必须有标准的颜色和字体，清洁的设计版面。此外，店招中需要有一句能够吸引顾客的广告语，画面还需要具备强烈的视觉冲击力，清晰地告诉顾客你在卖什么。通过店招也可以对店铺的装修风格进行定位。

为了让店招有特点且便于记忆，在设计的过程中一般都会采用简短醒目的广告语辅助LOGO的表现，通过适当的配图来增强店铺的认知度，店招所包含的主要内容如下。

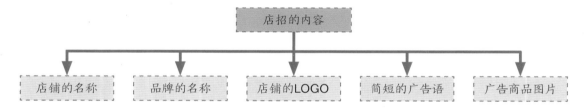

大部分时候，为了让店招呈现出简洁、清爽的视觉效果，并不会将上图所有的信息都添加到店招中，而是选择一些较为重要的内容放置其中，如下图所示为灯具店铺的店招内容。

导航是依附在店招下方的一条细长的矩形，它主要是对商品和服务进行分类，设计时应当使其外观和色彩与店招搭配协调。在设计导航的过程中，要注意导航条中信息的处理，应简明扼要，整齐简洁，让顾客能够直观地感受到店铺商品的分类信息，起到良好的引导作用。有的时候为了让导航条中的信息更加具象化，可以为导航中的每组信息添加形象的图标来进行表现，使导航更具设计感。

4.1.2　灯具网店店招与导航设计

　　本案例是为某品牌的灯具店铺设计的店招与导航，为了突显店招与导航的意境，设计中把灯具图像作为背景，通过明暗的对比来增强画面的层次，并利用"渐变叠加"样式来丰富店招文字的色彩表现，使其呈现出一定的光泽感，与店铺所销售的商品性质相符，接下来就让我们一起来学习具体的制作方法。

实例
文件

素　　材：随书资源包\素材\04\01.jpg
源文件：随书资源包\源文件\04\灯具网店店招与
　　　　导航设计.psd

●文字配色分析

　　灯具的作用就是照明，找一张灯光素材，在其中我们发现灯光照片中表现出渐变的色彩，参考这张灯光素材，在对标题文字进行配色的过程中，使用黑白色的线性渐变来填充文字，让文字的表现符合商品的特点。

●设计要点分析

　　本案例是为灯具店铺设计店招与导航，鉴于灯具的功能是照明，在设计中我们选择灯具图片作为背景，通过明暗对比来让店招中的元素突显出来，将该灯具店铺的LOGO放在店招的最左侧，紧接着放店铺的名称，让店招的主要内容更加显眼。此外，还通过添加优惠活动和相关的服务信息来丰富店招的内容，让顾客了解到更多的店铺动态信息。

●整体配色分析

　　画面整体的配色以暖色调为主，因为灯光除了照明以外，还经常被赋予一种温暖的、家的感觉，因此暖色调的画面能够让这种氛围更加浓烈，而适当地使用黑色作为背景，可以让色彩之间形成强烈的反差，便于突出主体。

● 案例步骤解析

Step 01 启动Photoshop CC应用程序，新建一个文档，为背景填充上所需的颜色，将素材添加到文件中，调整其大小，设置其混合模式为"线性减淡（添加）"。

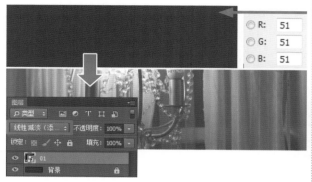

Step 02 创建色彩平衡和色阶调整图层，分别在相应的"属性"面板中对参数进行设置，对画面的色彩和层次进行调整，在图像窗口中可以看到编辑后的效果。

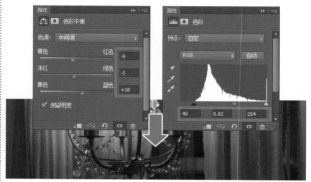

Step 03 选择工具箱中的"矩形工具"，在图像窗口中绘制一个矩形，填充上R51、G51、B51的颜色，无描边色，接着在"图层"面板中设置其混合模式为"正片叠底"，在图像窗口中可以看到编辑后的效果。

Step 04 选择"横排文字工具"，在适当的位置单击，输入"明亮"，接着在打开的"字符"面板中对文字的属性进行设置，并使用"渐变叠加"和"投影"样式对文字的外观进行修饰。

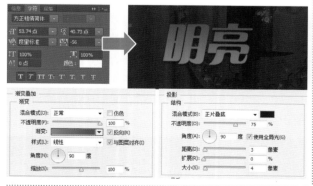

Step 05 使用"横排文字工具"添加上所需的其他的文字，设置好每组文字的字体、颜色和字号等属性，应用"渐变叠加"和"投影"样式对部分文字的外观进行修饰，在图像窗口中可以看到编辑后的效果。

Step 06 使用"矩形工具"绘制一个白色的矩形条，接着为该图层添加上图层蒙版，使用"渐变工具"对该图层蒙版进行编辑，为其填充径向渐变，让矩形条呈现出渐隐渐现的视觉效果。

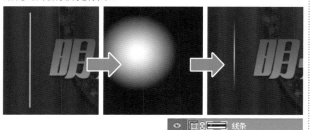

Step 07 选择工具箱中的"钢笔工具"，配合使用"删除锚点工具""添加锚点工具"和"转换点工具"等路径编辑工具，绘制出LOGO，为绘制的LOGO填充上白色，无描边色，放在适当的位置。

Step 08 使用"圆角矩形工具"绘制圆角矩形，使用"描边"和"投影"样式对绘制的圆角矩形进行修饰，接着对其进行复制，再使用"自定形状工具"绘制出所需的形状，按照一定的位置进行排列，在图像窗口中可以到编辑后的效果。

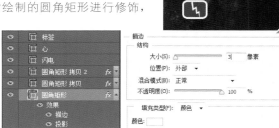

Step 09 选工具箱中的"横排文字工具"，在适当的位置单击，输入所需的文字，打开"字符"面板，对文字的字体、字号、颜色等属性进行设置，接着对前面绘制的渐隐渐现的线条进行复制，适当调整线条的大小，放在每组信息的中间，在图像窗口中可以看到编辑后的效果。

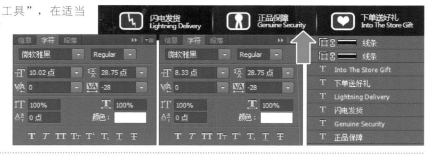

专家提点

对于多通道、位图或索引颜色模式的图像，将不会创建文字图层，因为这些模式不支持图层。在这些模式中，文字将以栅格化文本的形式出现在背景上。

Step 10 使用"矩形工具"绘制出矩形，作为导航条的背景，填充黑色，无描边色，接着使用"横排文字工具"，在矩形中适当的位置单击，添加导航条上的文字，打开"字符"面板对文字的属性进行设置，并使用"钢笔工具"绘制出三角形，在图像窗口中可以看到导航条编辑后的结果。

Step 11 选择"钢笔工具"绘制出梯形的形状，双击绘制的形状图层，在打开的"图层样式"对话框中勾选"投影"和"渐变叠加"复选框，使用这两个样式对梯形进行修饰。

Step 12 选择"横排文字工具"，在适当的位置单击，输入"新店开张双重优惠"的字样，打开"字符"面板对文字的属性进行设置，并打开"段落"面板设置文字的对齐方式，在图像窗口可以看到编辑效果。

Step 13 选择工具箱中的"自定形状工具"，在该工具选项栏中选择"购物车"形状，使用白色对其进行填充，无描边色，在图像窗口中可以看到编辑后的效果。完成本案例的制作。

4.1.3 宠物商品店招与导航设计

本案例是为某品牌的宠物用品店铺制作的店招和导航，画面中使用了多种宠物狗的卡通形象来进行修饰，并将导航条的外观制作成骨头的形状，增添了画面的趣味性和设计感，同时可爱的手写字体与整个画面的风格一致，清幽的草地更带来一种自然、健康的感觉。

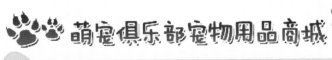 

实例文件	素　　材：随书资源包\素材\04\02.ai、03.jpg		
	源文件：随书资源包\源文件\04\宠物商品店招与导航设计.psd		

●设计要点分析

本案例是为宠物商品店设计的店招与导航，在设计之前，先收集与宠物狗相关的元素，即骨头与狗爪印，将这两个元素进行巧妙的设计，应用到LOGO和导航中，使得设计的店招和导航呈现出可爱、萌动的感觉，增强顾客的购买欲，同时提升店铺的形象。

●配色分析

宠物狗给人的感觉都是可爱、温顺的，为了让店招和导航呈现出俏皮、亲切的感觉，在设计中使用了明度和纯度较高的色彩，给人一种活泼、明快的感觉，也让画面中宠物、骨头和草地等设计元素的色彩相互协调，形成统一的视觉效果。

 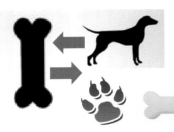

● 案例步骤解析

Step 01 启动Photoshop CC应用程序，新建一个文档，双击前景色色块，在打开的对话框中设置前景色为R253、G253、B234，按下Alt+Delete快捷键，将图像窗口填充上前景色，在图像窗口中可以看到编辑后的效果。

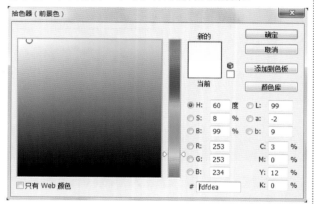

Step 02 选择"钢笔工具"绘制出骨头的形状，作为导航的背景，接着使用"描边""投影"和"内发光"样式对其进行修饰，并在相应的选项卡中对参数进行设置，在图像窗口中可以看到编辑后的结果。

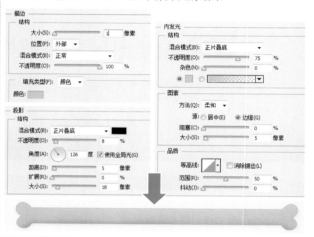

Step 03 选工具箱中的"横排文字工具"，输入导航条中所需的文字，打开"字符"面板对文字的属性进行设置，并使用"描边"样式对文字的外观进行修饰，在图像窗口中可以看到编辑后的结果。

Step 04 使用"矩形工具"绘制出导航条中文字之间所需的线条，接着使用"投影"样式对线条的外观进行修饰，并在相应的选项卡中对选项的参数进行设置，在图像窗口中可以看到编辑后的效果。完成导航条的制作。

Step 05 选工具箱中的"横排文字工具"，输入网店的店招名称，打开"字符"面板对文字的字体、字号、字间距等属性进行设置，并使用"渐变叠加""描边"和"投影"样式对文字的外观进行修饰，在相应的选项卡中对选项的参数进行设置，在图像窗口中可以看到编辑后的结果。

Step 06 选择工具箱中的"自定形状工具"，在其选项栏中选择"爪印（狗）"形状，接着在"图层"面板中右键单击店招文字，在弹出的菜单中选择"拷贝图层样式"命令，然后选中爪印形状图层，在右键菜单中选择"粘贴图层样式"命令，在图像窗口中可以看到爪子的外形与店招文字的外形一致。

Step 07 按下**Ctrl+J**快捷键，对编辑后的"爪子"形状图层进行复制，接着按下**Ctrl+T**快捷键，此时在爪子的边缘将显示出自由变换框，对变换框的大小和角度进行调整，完成编辑后选择"移动工具"，在弹出的对话框中单击"应用"按钮，在图像窗口中可以看到编辑后的效果。

Step 08 执行"文件>置入"菜单命令，在打开的对话框中选择所需的矢量文件，在弹出的"置入PDF"对话框中单击"确定"按钮，将狗狗素材添加到文件中，适当调整图像变换框的大小，放在适当的位置，按下Enter键对编辑的结果进行确认，在图像窗口中可以看到编辑后的效果。

Step 09 将所需的草地素材添加到文件中，适当调整图像的大小，放在画面的底部，使其铺满画面底部，在图像窗口中可以看到编辑后的结果。

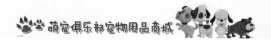

Step 10 在"图层"面板中设置"草"图层的混合模式为"正片叠底"，在图像窗口中可以看到素材中白色的部分消失。

Step 11 按下Ctrl+J快捷键，对编辑的"草"图层进行复制，接着在"图层"面板中设置该图层的"不透明度"选项的参数为**50%**，在图像窗口中可以看到编辑后的效果，完成本案例的制作。

专家提点

图层的整体"不透明度"用于确定它遮蔽或显示其下方图层的程度，"不透明度"为1%的图层看起来几乎是透明的，而"不透明度"为100%的图层则显得完全不透明。

4.2 动态——欢迎模块

欢迎模块在网店首页中所占的面积较大，相当于实体店铺中的海报或招贴，主要将店铺中的最新商品动态或者活动内容放置在其中，每个网店的首页至少需要设计一个欢迎模块。如果店家在首页中添加了"图片轮播"，那么欢迎模块所需要的数量就会与轮播的数量相同，接下来就让我们一起来了解一下欢迎模块的设计要点和制作方法。

4.2.1 设计要点

欢迎模块在网店中属于自定义页面，它的宽度基本会限制在950像素以内，而高度不限，在某些时候因为设计内容的需要，可能会将欢迎模块与网店背景联系起来，如下图所示。但是如果为不同的网商平台设计欢迎模块，如淘宝、京东等，或者使用不同的网店装饰版本，其尺寸的要求也是有差异的。

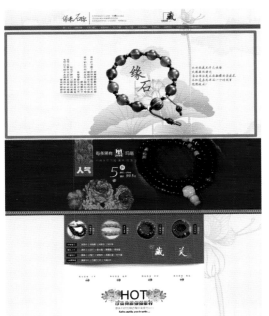

欢迎模块可以将店铺的活动内容罗列出来，也可以将新上架的商品展示出来，由于其涉及的内容较广，因此，在设计之前，要先确定设计的重点，搞清楚欢迎模块在某个时间范围内的作用，如果是为新品上架进行宣传，那么设计的内容就以新商品的形象为主；如果是为某个节日策划的活动，如圣诞、中秋，那么设计的内容就应该符合节日的气氛，如下图所示为以不同的设计内容为主题来制作的欢迎模块。

在确定设计的内容之后，我们需要考虑清楚设计的目的是什么，是给哪部分人群看的，有针对性地做出文案描述。接下来便是思考如何设计欢迎模块中的图片。进行设计时，商品的清晰展示是尤为重要的。此外，背景色和商品的颜色不要雷同，要突显出两者之间的差异，打造差异化和个性，这样容易得到顾客的认同。最后一点，要有明确的风格和格调，我们要考虑画面是什么格调和气氛，设计风格不仅仅是指色彩的搭配、图片的应用，还包括模特的选择、文字的设计。

以新品上架为主题

以节日为主题

4.2.2 新品上架欢迎模块设计

本案例是为某品牌的剃须刀设计的新品上架欢迎模块，制作中将水滴素材与剃须刀融合在一起，使用蓝色的背景让商品与背景之间的色彩产生强烈的反差，利用边缘硬朗的艺术化文字作为标题，表现出男士刚毅、坚强的性格特点，整个画面色彩协调、重点突出，具有很强的视觉冲击力。

实例文件

素　　材：随书资源包\素材\04\04、05、06.jpg、07.psd
源文件：随书资源包\源文件\04\新品上架欢迎模块设计.psd

●设计要点分析

由于本案例是为可以全身水洗的剃须刀设计的新品上架欢迎模块，为了突显新品的特点，在设计中抓住"可水洗"这个关键，将剃须刀与水融合在一起，重点突出剃须刀的可防水性，让顾客一眼就能够理解剃须刀的特点，设计直观且富有视觉冲击力。

●配色分析

由于模块中将水与剃须刀融合在一起，而且剃须刀的色彩为金属色。因此，选择蓝色作为画面的主色调最为合适，能够让商品与主色调形成强烈的反差，突显商品的形象。

●案例步骤解析

Step 01 启动Photoshop CC应用程序，新建一个文档，将所需的背景素材添加到文件中，适当调整素材的大小，使其铺满整个画布。

Step 02 将所需的剃须刀素材拖曳到文件中，得到一个智能对象图层，适当调整图片的大小，将其放在画面的右侧位置，在图像窗口可以看到编辑的效果。

Step 03 选择工具箱中的"钢笔工具"，沿着剃须刀的边缘创建路径，使路径沿着剃须刀形成闭合的路径，打开"路径"面板，单击"将路径作为选区载入"按钮，把路径转换为选区。

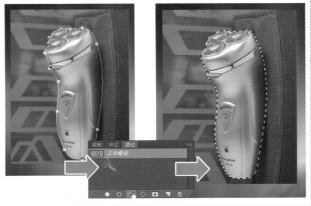

Step 04 将创建的路径转换为选区后，单击"图层"面板下方的"添加图层蒙版"按钮，为放置剃须刀的图层添加上图层蒙版，将剃须刀图像抠取出来，在图像窗口中可以看到抠取的效果。

Step 05 参考前面对剃须刀的编辑方法，将剃须刀的正面照片添加到文件中。再次使用"钢笔工具"创建路径，将路径转换为选区，利用选区创建图层蒙版，将剃须刀抠取出来，在图像窗口中可以看到编辑的效果。

Step 06 按住Ctrl+Shift键的同时单击剃须刀图层中的"图层蒙版缩览图",将剃须刀添加到选区中,为创建的选区创建黑白调整图层,打开"属性"面板对各个选项的参数进行设置。

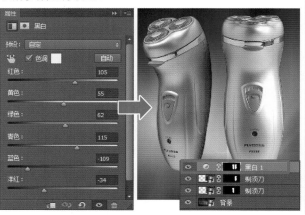

Step 07 再次将剃须刀添加到选区中,为选区创建色阶调整图层,在打开的"属性"面板中对RGB选项下的色阶值进行设置,接着使用黑色的"画笔工具"对图层蒙版进行编辑,在图像窗口可以看到编辑的效果。

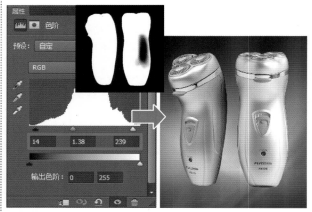

Step 08 将背景素材进行隐藏,只显示出剃须刀和相关的调整图层,按下Ctrl+Shift+Alt+E快捷键,盖印可见图层,得到"图层1",将其转换为智能对象图层,执行"滤镜>锐化>USM锐化"菜单命令,锐化其细节。

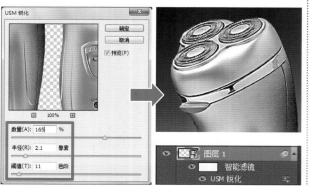

Step 09 再次对背景图层之外的图层进行盖印,得到"图层2",将其转换为智能对象图层,执行"滤镜>模糊>高斯模糊"菜单命令,设置"半径"为3.6像素,并对其蒙版进行编辑,模糊特定的图像区域。

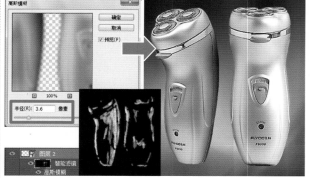

Step 10 将背景素材进行隐藏,按下Ctrl+Shift+Alt+E快捷键,盖印可见图层,并将得到的图层命名为"投影",按下Chtl+T快捷键,对其进行垂直翻转操作,使用"渐变工具"对其图层蒙版进行编辑,制作出商品的投影。

Step 11 将所需的泼水素材添加到图像窗口中，适当调整素材的大小，使其铺满整个画面，在"图层"面板中设置图层的混合模式为"强光"，在图像窗口中可以看到编辑后的效果。

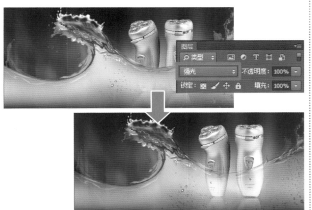

Step 12 按住**Ctrl**键的同时单击"水"图层的"图层缩览图"，载入选区，为选区创建色阶调整图层，在打开的"属性"面板中设置RGB选项下的色阶值分别为21、0.51、245，对水的层次进行增强。

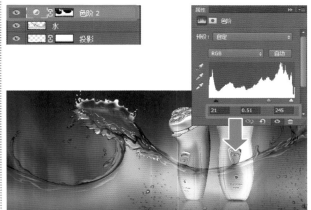

Step 13 使用"钢笔工具"绘制路径，制作出标题文字和修饰所需的形状，接着用"横排文字工具"在画面中输入所需的文字，并通过使用"图层样式"中的"投影"来增强文字的层次感，在图像窗口中可以看到编辑后的效果。

Step 14 按下**Ctrl+Shift+Alt+E**快捷键，盖印可见图层，得到"图层3"，将该图层转换为智能对象图层，执行"滤镜>锐化>USM锐化"菜单命令，在打开的对话框中设置参数，再次对画面进行锐化处理，使画面的细节更加清晰，完成本案例的制作。

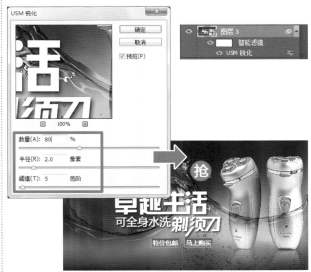

4.2.3 母亲节欢迎模块设计

本案例是为某品牌的化妆品设计的母亲节主题的欢迎模块，制作中用花朵作为背景，通过暗色的花朵营造出一种优雅、甜蜜的感觉，花朵素材和艺术化的标题文字增添了画面的精致感，而多种字体混合在一起的文字信息令活动内容变得更加具有设计感。

实例文件	素 材：随书资源包\素材\04\08、09.jpg
	源文件：随书资源包\源文件\04\母亲节欢迎模块设计.psd

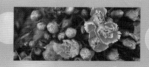

●设计要点分析

本案例设计的主题为母亲节，在设计中用花卉作为背景，表现出女性柔美的特质。艺术化的标题文字让画面具有强烈的设计感，并以花朵作为修饰物摆放在商品的下方，让整个画面传递出浓浓的温情，能够很好地迎合"母亲节"这个活动主题。

●配色分析

本案例中使用了明度较暗的墨绿色作为主色调，在其中用玫红色的文字和花朵对画面进行点缀，表现出强烈的视觉反差，使得主体对象更加突出，进而增强了商品的表现力。

● 案例步骤解析

Step 01 启动Photoshop CC应用程序，新建一个文档，将所需素材添加到文件中，适当调整其大小，放在图像窗口中合适的位置。

Step 02 按下**Ctrl+J**快捷键，对添加到文件中的花朵素材进行复制，为该图层添加图层蒙版，接着使用黑色到白色的线性渐变对蒙版进行编辑。

Step 03 创建黑色填充图层，接着将前景色设置为黑色，按下**Alt+Delete**快捷键将蒙版填充为黑色，然后选择工具箱中的"画笔工具"，在选项栏中对参数进行设置，调整前景色为白色，使用设置好的画笔对蒙版进行编辑，在图像窗口中可以看到编辑后的结果。

Step 04 创建色相/饱和度调整图层，在打开的"属性"面板中设置"全图"选项下的"色相"选项的参数为+12，"饱和度"选项的参数为−25，对画面的色彩进行调整，在图像窗口中可以看到编辑后的结果。

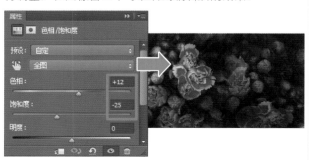

Step 05 将所需的商品素材拖曳到文件中，得到一个智能对象图层，适当调整图像的大小，放在图像窗口中合适的位置。

Step06 选择工具箱中的"磁性套索工具"，沿着瓶子的边缘移动鼠标，将瓶体添加到选区中，接着单击"图层"面板下方的"添加图层蒙版"按钮，为该图层添加图层蒙版，将瓶子抠选出来。

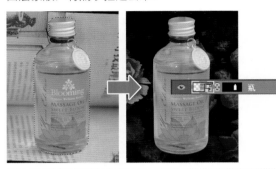

Step07 选中"瓶"图层，按下Ctrl+J快捷键，对该图层进行复制，按住Shift键的同时使用"移动工具"对瓶子的位置进行水平移动，在图像窗口中可以看到编辑后的效果。

Step08 将两个瓶子添加到选区中，为选区创建色阶调整图层，在打开的"属性"面板中设置RGB选项下的色阶值分别为47、1.71、233，在图像窗口中可以看到瓶子变亮。

Step09 再次将两个瓶子添加到选区中，为选区创建可选颜色调整图层，在打开的面板中选择"颜色"下拉列表中的"黄色"，设置该选项下的色阶值分别为-53、+49、+26、-9，对特定颜色进行调整。

Step10 将瓶子添加到选区中，为选区创建色相/饱和度调整图层，在打开的面板中选择"洋红"选项，设置该选项下的"饱和度"为+100，提高瓶体花纹的颜色饱和度，在图像窗口中可以看到其色彩更加鲜艳。

Step 11 新建图层，得到"图层1"图层，在工具箱中设置前景色为R183、G177、B174，接着选择"画笔工具"，在其选项栏中进行设置，使用该工具在瓶盖上进行涂抹，统一瓶盖的色彩。

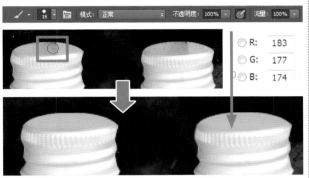

Step 12 将瓶子以外的图层隐藏，盖印图层后得到"图层2"，适当调整该图层中图像的位置，并进行垂直翻转处理，为该图层添加图层蒙版，使用"渐变工具"对蒙版进行编辑，制作出瓶子的阴影效果。

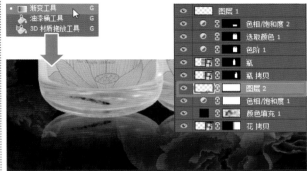

Step 13 盖印可见图层，得到"图层3"，将该图层转换为智能对象图层，执行"滤镜>锐化>USM锐化"菜单命令，在打开的对话框中设置参数，并对该智能滤镜的蒙版进行编辑，只对瓶子进行锐化处理。

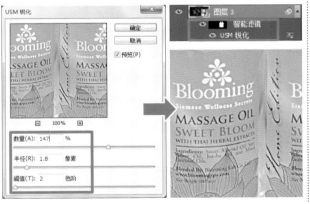

Step 14 选中"花"智能对象图层，按下Ctrl+J快捷键，对该图层进行复制，适当调整图像的大小，使用图层蒙版对其显示进行控制，将部分花朵抠取出来，并将图层置顶，放在瓶子的下方位置。

Step 15 绘制一个矩形，填充上R5、G37、B38的颜色，将其放在画面的左侧位置，并在"图层"面板中设置其"填充"选项为95%，在图像窗口中可以看到编辑后的结果。

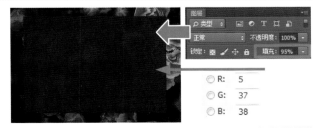

Step 16 使用"钢笔工具"绘制出"感恩母亲节"的艺术字效果，在这里也可以通过添加素材的方式制作标题文字，接着使用"外发光""描边"和"渐变叠加"图层样式对文字进行修饰，并在相应的选项卡中对参数进行设置，把文字放在矩形的上方位置。

Step 17 使用"椭圆工具""钢笔工具"和"矩形工具"绘制出所需的箭头和矩形，接着为文件添加上活动的信息，适当调整文字的大小、字体等属性，在图像窗口中可以看到编辑后的效果。

Step 18 创建照片滤镜调整图层，在打开的"属性"面板中选择"滤镜"下拉列表中的"蓝"选项，设置该选项下的"浓度"参数为25%，在图像窗口中可以看到画面的色彩发生了改变。

Step 19 创建色彩平衡调整图层，在打开的"属性"面板中设置"中间调"选项下的色阶值分别为−14、−4、+23，对画面的色彩进行细微的调整，在图像窗口中可以看到本案例最终的编辑效果。

4.3 服务——客服与收藏区

　　在网店的首页中，除了店招、导航、欢迎模块和其他的商品信息等内容，还会包含关于店铺收藏内容的收藏区和服务性质的客服区，它们的设计较为丰富，大小也不会固定，会根据首页整体设计而发生相应的尺寸改变。收藏区和客服区是体现网店服务品质的关键，接下来就让我们一起来学习它们的制作方法。

4.3.1 设计要点

　　网店收藏区在网店首页的装修中至关重要，当顾客对店铺的商品感兴趣时，恰到好处的收藏区设计可以提高店铺的顾客浏览量，增加顾客再次光临网店的概率。因此，在很多网店的首页设计中，会设计多个不同外观的店铺收藏模块来提示顾客及时对该店进行收藏，如下图所示分别为店招中和网店首页底部添加收藏区的设计效果。

　　网店的客服区就好像实体店铺中的售货员一样，承担着为顾客解决一切困难的责任。在网店首页中添加客服区，可以及时地解决顾客的疑问，为网店的服务加分，同时提高顾客的回头率和成交率。

　　无论是网店首页中的店铺收藏区，还是客服区，其设计的风格都是与网店首页的整体风格息息相关的，网店首页是什么风格，那么收藏区和客服区就应该遵循这样的设计风格，才能让整个首页看起来协调、统一，体现出店铺的专业性。

　　在设计收藏区的过程中，为了增强顾客的收藏兴趣，很多时候会添加相关的优惠信息在收藏区中，以激发顾客对店铺的兴趣，提高店铺的收藏量，如下图所示。但是在设计和添加这些信息的时候，要注意方法，一定不能喧宾夺主，最好通过字体的大小来突显出主次关系。

　　设计客服区最重要的就是要体现出客服的专业和热情，一般客服区的旺旺图标都会整齐排列，有的甚至会使用俏皮、美观的头像对客服的形象进行表现，拉近顾客与客服之间的距离，激发顾客的询问和咨询的欲望。

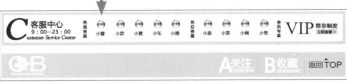

在收藏区添加多项优惠信息

4.3.2 收藏区设计

本案例是为某店铺设计的收藏区，制作中通过使用可爱的卡通形象来拉近顾客与店铺之间的距离，增添画面的亲切感，而整体画面呈现出统一的色调，让顾客的视觉体验更加满意，更容易得到顾客的认可。此外，利用字体的大小来制造出一定的层次感和主次感，使得画面中的重点信息更加突出。

实例文件	素　材：随书资源包\素材\04\10.jpg、11.ai
	源文件：随书资源包\源文件\04\收藏区设计.psd

●设计要点分析

本案例是收藏区设计，画面中将优惠券信息添加在其中，提高顾客的兴趣，通过卡通形象的修饰，让整个画面更富有乐趣，而浅浅的底纹又增加了画面的静止感，错落有致的文字让收藏区的信息表现更加主次分明，整个画面色调和谐而统一，避免了色彩杂乱而产生违和感。

●配色分析

本案例的配色主要是依据卡通形象的色彩来展开的，整个画面以浅棕色为主要色调，而棕色常常被联想到泥土、自然、简朴，给人可靠的感觉，这样的配色可以创建出温暖的怀旧情愫，让顾客觉得很亲切而产生信任感。

●案例步骤解析

Step 01 启动Photoshop CC应用程序，新建一个文档，将"背景"图层填充上黑色，接着新建图层，得到"图层1"，为其填充上R237、G189、B121的颜色。

Step 02 将所需的花纹素材复制粘贴到创建的"图层2"中，适当调整素材的大小，将该图层的混合模式设置为"正片叠底"，"不透明度"为10%。

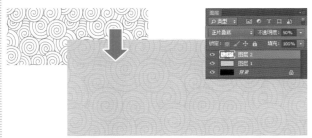

Step 03 使用"横排文字工具"输入所需的标题文字，打开"字符"面板对文字的字体、颜色和字号等进行设置，将文字放在适当的位置，在图像窗口中可以看到编辑后的结果。

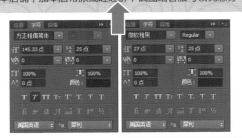

Step 04 创建图层组，命名为"标题"，将编辑完成的文字图层拖曳到其中，双击该图层组，在打开的"图层样式"对话框中勾选"投影"复选框，并对选项进行设置，增强文字的层次。

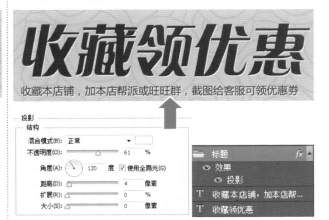

Step 05 选择工具箱中的"矩形工具"，在图像窗口中单击并拖曳，绘制出三个矩形，放在适当的位置，接着将绘制后得到的三个图层拖曳到创建的"矩形"图层组中，在图像窗口中可以看到编辑的效果。

Step 06 双击"矩形"图层组，在打开的"图层样式"对话框中勾选"描边"和"渐变叠加"复选框，并在相应的选项卡中对各个选项的参数进行设置，为这些矩形添加上"描边"和"渐变叠加"效果，在图像窗口中可以看到矩形编辑后呈现出来的效果与整个画面色调一致。

Step 07 使用"横排文字工具"输入所需的文字，打开"字符"面板对文字的字体、颜色和字号等进行设置，将文字放在适当的位置，在图像窗口中可以看到编辑后的结果。

Step 08 双击文字图层，在打开的"图层样式"对话框中为添加的文字应用"描边"和"渐变叠加"样式，在相应的选项卡中对多个选项的参数进行设置，在图像窗口中可以看到编辑的效果。

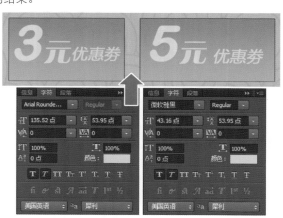
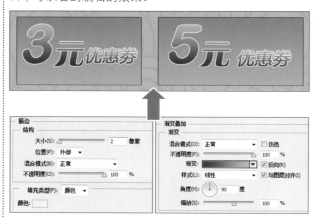

Step 09 使用"横排文字工具"输入"（单独收藏店铺可领3元优惠券）"和"（收藏并加帮派旺旺群可领5元优惠券）"的文字，打开"字符"面板对文字的字体、颜色和字号等进行设置，把文字放在适当的位置，在图像窗口中可以看到编辑的效果。

Step 10 使用"横排文字工具"输入所需的文字，打开"字符"面板对文字的字体、颜色和字号等进行设置，接着对"3元优惠券"文字图层的图层样式进行复制，然后粘贴到当前编辑的文字图层中，为这些文字应用上相同的图层样式效果，在图像窗口中可以看到编辑的结果。

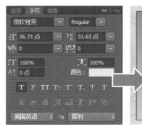

Step 11 使用"横排文字工具"输入"点击收藏本店"的字样，打开"字符"面板对文字的字体、颜色和字号等进行设置，再为这些文字应用"投影"图层样式，在相应的选项卡中对各个选项的参数进行设置。

Step 12 选择"钢笔工具"绘制出所需的箭头，填充上与右侧文字相同的颜色，并将文字所应用的"投影"图层样式复制粘贴到该图层，在图像窗口中可以看到编辑的效果。

Step 13 将所需的卡通素材置入文件中，在打开的"置入PDF"对话框中单击"确定"按钮，接着对素材的大小进行调整，放在画面合适的位置，在图像窗口中可以看到本案例最终的编辑效果。

4.3.3 客服区设计

本案例是为某店铺设计客服区，设计中把较为理智的蓝色作为主色调，表现出客服的专业和诚恳，修饰元素上采用了展示局部耳麦的方式进行辅助表现，用客服的办公工具来突显客服的形象，并通过整齐的文字和旺旺头像排列来营造出一种视觉上的工整感。

| 实例文件 | 素　材：随书资源包\素材\04\12.jpg、13.ai、14.psd |
| | 源文件：随书资源包\源文件\04\客服区设计.psd |

●设计要点分析

耳麦是人们印象中客服常用的办公工具，在设计本案例的过程中，用耳麦作为主要的表现对象，直观地传递出该区域的功能和作用。通过耳麦将画面进行自然的分割，左侧放置标题文字，右侧放置客服图标，并通过统一的蓝色调来提升客服的可信赖感，有助于店铺服务形象的提升。

●配色分析

蓝色代表了理性、冷静和沉稳，在本案例中主要使用了蓝色调进行配色，努力让画面的色彩给人以强烈的信赖感，提升客服的形象，让顾客能够对客服产生信任，从而提高店铺的服务品质。

●案例步骤解析

Step 01 启动Photoshop CC应用程序，新建一个文档，设置前景色为R51、G51、B51，按下Alt+Delete快捷键，将"背景"图层填充上前景色。

Step 02 将所需的建筑素材添加到图像窗口中，适当调整其大小，使其铺满整个画布，在"图层"面板中设置其混合模式为"叠加"。

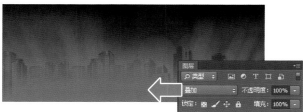

Step 03 创建渐变填充调整图层，在打开的"渐变填充"对话框中对各个选项进行设置，将画面的底部变暗，在图像窗口中可以看到编辑后的效果。

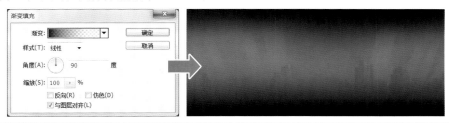

Step 04 执行"文件>置入"菜单命令，在打开的"置入"对话框中选择所需的耳机素材，并在"置入PDF"对话框中直接单击"确定"按钮，将耳机置入图像窗口中，适当调整其大小和角度。

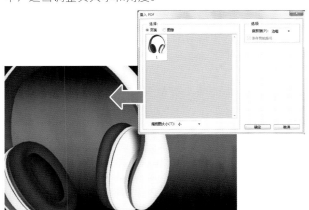

Step 05 选择"横排文字工具"，在画面适当位置单击，输入所需的文字，打开"字符"面板，对文字的字体、字号、字间距和颜色等进行设置，最后使用"钢笔工具"绘制出耳麦的形状。

Step06 将所需的旺旺头像素材置入当前文件中，适当调整其大小，放在适当的位置，接着对旺旺头像进行复制，按照一定的间隔进行摆放，在图像窗口中可以看到编辑后的效果。

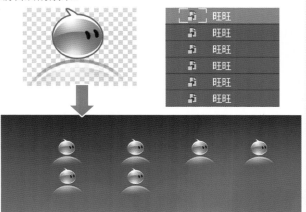

Step07 选择"横排文字工具"为旺旺头像添加所需的客服名称，打开"字符"面板对文字的属性进行设置，并将每个文字放在相应的位置，在图像窗口中可以看到编辑的效果。

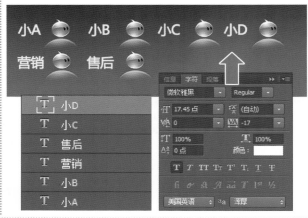

Step08 选择工具箱中的"横排文字工具"，在画面的右侧适当位置单击，输入"品质保证 购物放心　如实描述 货真价实　七天退换 值得信赖　金牌客服 服务体贴"的字样，接着执行"窗口＞字符"菜单命令，打开"字符"面板，对文字的字体、字号、字间距和颜色等进行设置。

Step09 使用"矩形工具"和"钢笔工具"绘制出画面所需的四个图标，为每个部分填充相应的颜色，将每个图标都合并在一个图层中，得到01、02、03和04图层，把图标放在相应的每组文字的上方，在图像窗口中可以看到编辑后的效果。

Step 10 选择工具箱中的"横排文字工具",在画面的右侧适当位置单击,输入所需的文字,接着执行"窗口>字符"菜单命令,打开"字符"面板,对文字的字体、字号、字间距和颜色等进行设置,并将文字放在合适的位置,在图像窗口中可以看到添加文字后的效果。

Step 11 使用"矩形工具"绘制一个白色的矩形条,无描边色,接着为该图层添加上图层蒙版,使用"渐变工具"对其蒙版进行编辑,让矩形的两侧呈现出渐隐效果。

专家提点

若要创建隐藏整个图层的蒙版,即创建黑色的图层蒙版,可以按住Alt键并单击"添加图层蒙版"按钮,或执行"图层>图层蒙版>隐藏全部"菜单命令。

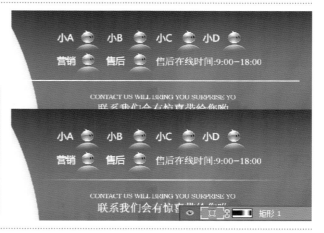

Step 12 创建色彩平衡调整图层,在打开的"属性"面板中设置"中间调"选项下的色阶值分别为-32、+4、+100,接着选择"色调"下拉列表中的"高光"选项,设置该选项下的色阶值分别为-3、+1、-33,对画面整体的颜色进行调整,在图像窗口中可以看到本例最终的编辑效果。

示例 利用"图层样式"增强导航条的质感

图层样式是网店装修中较为常用的一种修饰图层中图像的功能，它能够为图层中的图像创建立体效果、增加光泽、改变填充色、添加描边效果等，让编辑对象的层次和质感更加强烈。我们在网店装修的过程中，可以通过图层样式的使用让导航条中的按钮呈现出更为精致的效果，接下来就让我们来一起学习吧。

如下图所示为某网店的导航条，上面一个为未添加图层样式的设计，可以看到导航条中的元素显得非常扁平，没有任何修饰，而下面一个导航条由于添加了"斜面和浮雕""描边""内阴影"等多种图层样式，使得导航条中的按钮和文字更加的绚丽，为网店的形象增添了一分品质感。

为绘制的导航条中的元素添加图层样式后，图层样式会以子图层的方式显示在图层的下方，可以对其进行显示、隐藏、删除、复制等多种操作，图层样式的添加并不会对图层中的图像产生本质的影响。因此，在网店装修的过程中，设计和制作导航时使用图层样式进行编辑，不仅可以增加网店的美观程度，还可以让编辑的文件具有最大的可编辑空间，能够随时对图层样式中的参数进行反复修改，提高网店装修的效率。

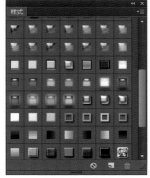

想要编辑的图层样式在其他文件中使用，或者使用预设的样式来对网店中的设计元素进行修饰，还可以考虑使用Photoshop中的"样式"面板来减少网店装修的工作量。"样式"面板是对图层样式编辑效果的一个集合场地，在该面板中包含了多种预设的样式，直接单击即可使用，如右图所示为"样式"面板，可以看到Photoshop预设的多种样式效果，此外，还可以载入其他的样式来进行编辑。

专家提点

在编辑图层样式或者使用"样式"面板的过程中，不能将图层样式应用于背景、锁定的图层或图层组中。

示例 只需三个元素，快速制作简约大气的欢迎模块

我们在浏览网络上众多的网店首页时，会发现很多网店的欢迎模块简约而大气，不仅将商品的形象呈现得非常完美，也将海报的文字信息表现得美观大方。经过相互的对比和总结，我们会发现，这些欢迎模块都包含了三个相同的设计元素，那就是多文字组合的标题、绚丽的背景和形象完整的商品。

多文字组合的标题、绚丽的背景和形象完整的商品合理地组合在一个画面中，再通过合理的调色让画面的色彩统一起来，就可以轻松地制作完成一幅简约大气的欢迎模块，我们对本章中的两个案例进行解剖，如下图所示。

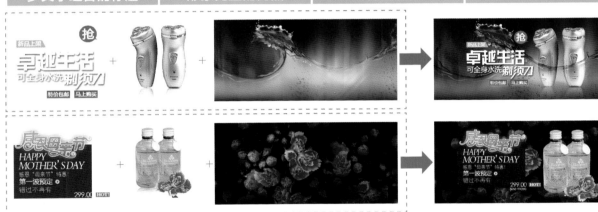

| 多文字组合的标题 | 形象完整的商品 | 绚丽的背景 | 三大元素组合在一起 |

① 多文字组合的标题

在设计欢迎模块的文字部分时，要多注意观察其他店家的欢迎模块中的文字，可以通过文字字体的变化、字号的变化、修饰图形和图像的添加等方式来增强文字的观赏性和设计感。用户在平时的创作中也可以收集一些具有参考价值，且风格各异的标题文字，在日后的欢迎模块设计中作为蓝本进行创作，如下图所示为三组不同的标题文字设计，针对不同的主题，使用了不同的修饰图形和配色。

② 形象完整的商品

形象完整的商品，就是指商品呈现出来的色彩、光泽等都和宝贝真实的形象一致，在某些时候甚至会通过后期的处理让商品的色泽、外观和细节等变得更加细腻，力求真实且完美地展现出商品的特点。要注意一点，不同的材质的宝贝在后期的处理上会有所不同。

如下图所示分别为保温杯、相机和戒指的商品形象，设计师在将商品抠取出来之后，还对商品的细节、瑕疵等进行修饰和处理，并通过调色使其色彩与真实商品的色泽一致，最后还使用Photoshop的锐化功能让商品变得清晰，这样高质量、高画质的商品形象在欢迎模块的设计中才能更好地表现出店铺的品质。

保温杯形象

相机形象

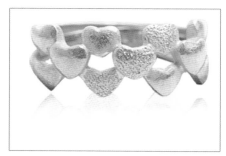

戒指形象

③ 绚丽的背景

欢迎模块中的背景素材，会直接影响整个欢迎模块的氛围，不同的主题应使用不同的背景，而商品的受众性格也会影响背景的选择。

例如，当圣诞节来临，需要设计以圣诞节为主题的欢迎模块时，会选择与圣诞节相关的元素和色彩作为欢迎模块的背景；如果设计与儿童商品相关的欢迎模块，则会选择色彩明亮、内容可爱的卡通绘图作为背景。如右图和下图所示分别为不同色调、内容和风格的背景，在具体的欢迎模块的设计中，背景的选择还会受到商品的色彩、文字的风格等因素的影响。

光斑溶图背景

以卡通为主题的背景

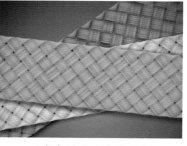

以真实材质为背景内容

Chapter 05

宝贝详情

05

——精准地抓住顾客的眼球

当顾客进入单个宝贝页面的时候，会有针对性地了解与这个宝贝相关的信息，这些信息包括宝贝的优惠活动、整体形象、局部细节、售后服务等，通过这些信息，顾客可以更加清晰和完整地了解宝贝的整个形象，有助于顾客做出判断。除这些信息之外，还会包含侧边分类栏、宝贝搭配模块，它们的作用是对顾客的浏览行为进行指导和刺激，以激发顾客的购买欲。宝贝详情页各部分的设计重点不同，接下来本章将通过具体的案例，来对宝贝详情页面中几个具有代表性的部分进行讲解。

本章重点

- 橱窗
- 分类
- 搭配
- 细节

5.1 形象——橱窗展示

商品的橱窗照是放在商品详情界面顶部左侧的图片，它是每个商品的第一个展厅。橱窗照主要以销售的商品为表现对象，巧妙应用布景、道具，以背景画面装饰为衬托，配合以合适的灯光、色彩和文字说明，是一种商品介绍和宣传为一体的综合性广告艺术形式。

5.1.1 设计要点

顾客在进入单个商品的详情界面，或者在网商平台中搜索某种系列的商品时，首先接触到的就是商品的橱窗照，所以，橱窗照的设计与宣传对顾客购买情绪有重要的影响。

网店装修中，橱窗照的设计相比网店首页装修设计显得更加重要，它的设计既要突显出商品的特色，又要迎合顾客的心理行为和需求，既要让顾客看了之后有美感和舒适感，还要让顾客对商品产生向往之情。优秀的商品橱窗照可以起到展示商品、引导消费、促进销售的作用，甚至可以成为吸引顾客的艺术佳作。

橱窗照的设计标准尺寸为500×500像素，从设计的内容上来看，可以分为两种类型，一种是特效合成类，主要通过为商品添加多种修饰素材，使其呈现出绚丽的画面效果，多用于对单个商品的形象进行表现；而另外一种是综合类的橱窗照，它会将商品的多种状态、型号或者色彩在一个画面中表现出来，并且在画面中添加与商品特点相关的文字信息，辅助商品的表现。

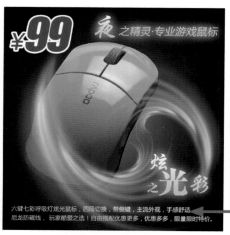

将炫光素材与鼠标合成在一起，制作出光彩炫动的感觉，提升商品形象

特效合成类

展示出保温杯不同色彩所陈列出来的形象，并添加文字进行辅助说明

综合表现类

商品橱窗照的设计没有固定的要求，只要能够很好地吸引住顾客的目光，就是好的设计。现在很多商家都喜欢在橱窗照中突显出包邮、特价、赠品等多种信息，使其能够获得顾客的关注，而橱窗照的设计也是五花八门，但只要能够让顾客单击橱窗照进入商品的详情页面，橱窗照就起到了它的作用。

5.1.2 特效合成类的橱窗展示设计

本案例是为某品牌的鼠标设计的橱窗照。在设计的过程中为了表现出一种炫彩的光晕效果，在画面添加了绚丽的拖尾光，通过合成的方式来制作橱窗照，表现出鼠标高品质、高科技的特点，给顾客带来视觉上的享受，更加容易得到顾客的青睐。

包邮正品 罗技G90 游戏有线鼠标 G100S升级版 专业游戏 办公 家用

价格　**¥99.00**

配送　上海 至 四川成都 ∨ 快递:免运费
　　　卖家承诺72小时内发货

销量　交易成功 9　累计评论 3

颜色分类　黑色

数量　－　1　＋　件(库存29件)

立即购买　🛒 加入购物车

服务　7 7天退货

支付　信用卡支付　支付宝支付　集分宝

实例文件

素　材：随书资源包\素材\05\01、02.jpg
源文件：随书资源包\源文件\05\特效合成类的橱窗展示设计.psd

●设计要点分析

本案例是为鼠标设计的橱窗照，由于该鼠标的最大特点为可以发出光亮，为了在橱窗照中展示出点击鼠标过程中发出的光亮，设计橱窗照时通过合成绿色的光晕素材来制作出特效，让整个橱窗照显得绚丽而夺目，给顾客视觉上的震撼。此外，在设计画面文字时，通过"渐变叠加""外发光"的样式来配合画面色彩和光线的表现，使得整个画面的风格协调而统一，表现出较强的设计感。

●配色分析

由于案例中的鼠标色彩为绿色，因此在搭配光线素材的时候选择了绿色的光线，明度层次清晰的绿色光线除了让画面色调统一以外，还表现出一种神秘的感觉。除了绿色之外，画面中的商品价格使用了暗红色进行搭配，这种强烈的色相对比使得价格信息更加突出，有利于顾客第一时间留意到商品价格上的优势。

●案例步骤解析

Step01 启动Photoshop CC应用程序，新建一个文档，将"背景"图层填充为黑色，接着创建渐变填充图层，在打开的对话框中设置参数。

Step02 将素材添加到图像窗口中，使用"钢笔工具"沿着鼠标绘制路径，通过"路径"面板将绘制的路径转换为选区。

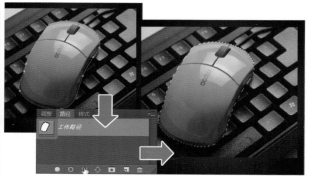

Step03 创建选区后，单击"图层"面板下方的"添加图层蒙版"按钮，为素材图层添加图层蒙版，将鼠标抠取出来，并将抠取的鼠标放在适当的位置，在图像窗口中可以看到编辑的效果。

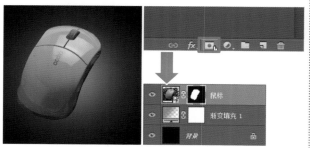

Step04 将鼠标添加到选区中，创建色阶调整图层，在打开的"属性"面板中依次拖曳RGB选项下的色阶值分别为4、1.11、233，调整鼠标图像的亮度和层次，在图像窗口中可以看到编辑的效果。

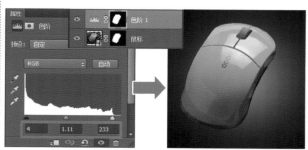

Step05 按下Ctrl+Alt+Shift+E快捷键，盖印可见图层，得到"图层1"图层，将其转换为智能对象图层，执行"滤镜＞锐化＞USM锐化"菜单命令，在打开的"USM锐化"对话框中设置"数量"为100%，"半径"选项为1.5像素，"阈值"为0色阶，确认设置后，在图像窗口中可以看到鼠标的细节更加清晰。

Step 06 执行"滤镜＞杂色＞减少杂色"菜单命令，在打开的"减少杂色"对话框中设置"强度"为2，"保留细节"选项参数为28%，"减少杂色"选项为71%，"锐化细节"选项为0%，去除画面中的杂色。

Step 07 将所需的光线素材添加到图像窗口中，适当调整光线素材的大小，接着在"图层"面板中设其混合模式为"滤色"，并为其添加图层蒙版，使用"画笔工具"对其进行编辑。

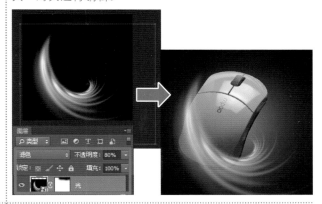

Step 08 使用"横排文字工具"在适当的位置添加上所需的文字，并使用"渐变叠加"和"外发光"图层样式对文字进行修饰，在相应的选项卡中对文字进行设置，在图像窗口中可以看到编辑的效果。

Step 09 使用"横排文字工具"在画面中添加上所需的其他的文字，设置好文字的字体、字号等，使用"渐变叠加""外发光"样式对其进行修饰，在图像窗口中可以看到编辑的结果。

Step 10 使用"横排文字工具"在适当的位置添加鼠标的价格，设置好文字的字体和字号，放在画面的左上角，接着使用"描边"样式对其进行修饰，在图像窗口中可以看到编辑的效果，完成本案例的制作。

5.1.3 综合类的橱窗展示设计

本案例是为某品牌的保温杯设计的橱窗照。在设计的过程中，考虑到保温杯的实际情况，通过多种色彩的展示来表现保温杯的可选性丰富，顾客有较大的选择空间，同时利用有效的文字说明对保温杯的最大优点进行突出显示，最后使用边框来增强画面的集中性，使其更容易引起顾客的注意。

专柜正品露西娜ROSINA不锈钢汽车烤漆保温杯 露西娜保温杯 保温壶

价格	**¥179.00**
配送	山东青岛 至 四川成都 ∨ 快递：免运费
销量	交易成功 累计评论 5

颜色分类

数量 — 1 + 件（库存9件）

立即购买 　　🛒 加入购物车

服务 　7 7天退货

支付 　支付宝支付 　集分宝

实例文件	素　材：随书资源包\素材\05\03.jpg
	源文件：随书资源包\源文件\05\综合类的橱窗展示设计.psd

●设计要点分析

本案例中的商品为保温杯，鉴于保温杯的外观为磨砂的金属材质，因此在设计橱窗照的时候为其添加了渐变浅色的背景，制作出自然光线照射的效果，这样的设计能够真实地表现出保温杯的材质和彩色。此外，由于保温杯的颜色众多，店家为了让顾客第一时间对商品产生兴趣，将多种色彩的保温杯展示在一个画面中，给予顾客更多的选择，提高顾客对商品的热衷度，有助于商品的全方位展示。

●配色分析

由于本案例中的保温杯有多种颜色，在设计中将多种色彩的保温杯组合在一个画面中，使得橱窗照的配

色表现出多姿多彩的视觉效果，同时由于画面中的暗红色保温杯面积较大，将其作为主打色彩进行突出表现，让红色成为画面的主要色调，烘托出热情、欢快的气氛，与保温杯的特征相互辉映。

●案例步骤解析

Step01 启动Photoshop CC应用程序，新建一个文档，将"背景"图层填充上白色，接着创建渐变填充图层，在打开的"渐变填充"对话框中对各个选项的参数进行设置，在图像窗口中可以看到编辑的效果。

Step02 将所需的保温杯素材添加到图像窗口中，使用"钢笔工具"沿着保温杯的边缘绘制路径，接着把路径转换为选区，以选区为标准创建图层蒙版，把保温杯抠选出来。

Step03 将保温杯再次添加到选区中，为选区创建曲线调整图层，在打开的"属性"面板中对曲线的形态进行设置，接着使用黑色的"画笔工具"对图层蒙版进行编辑，只对部分图像进行影调调整。

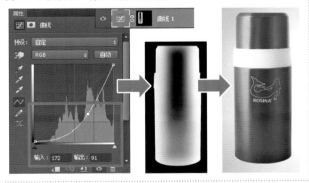

Step04 将前面编辑保温杯的图层进行复制，并将其合并在一个图层中，命名为"倒影"，调整图层的顺序，为该图层添加图层蒙版，使用"渐变工具"对图层蒙版进行编辑，制作出投影的效果。

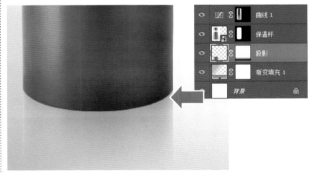

Step05 对前面编辑的保温杯图层和曲线图层进行复制，合并到一个图层中，命名为"图层1"，适当调整该图层中保温杯的大小，将其添加到选区中，为选区创建色相/饱和度调整图层，在打开的"属性"面板中设置"全图"选项下的"色相"选项参数为+90。

Step06 对"图层1"进行两次复制，得到相应的拷贝图层，调整保温杯的位置，使用"色相/饱和度"调整图层对另外两个保温杯的颜色进行调整，在图像窗口中可以看到保温杯编辑后的颜色。

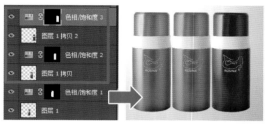

Step07 将"图层1"及相关的拷贝图层和色相/饱和度调整图层进行复制，把复制后的图层合并在一起，命名为"投影"，将图像进行垂直翻转，使用"渐变工具"对其图层蒙版进行编辑，制作出保温杯的投影。

Step08 使用"横排文字工具""圆角矩形工具"和"自定形状工具"为图像添加所需的文字和形状，分别为各个元素填充上适当的颜色，并使用"投影"样式对部分对象进行修饰。

Step09 按下**Ctrl+A**快捷键将全图选中，接着使用"矩形选框工具"对选区进行删减，制作出线框的选区效果，新建图层，命名为"边框"，为选区填充上R146、G41、B63的颜色，并设置混合模式为"颜色加深"。

Step10 按下**Ctrl+Alt+Shift+E**快捷键，盖印可见图层，得到"图层2"图层，将其转换为智能对象图层，执行"滤镜>锐化>USM锐化"菜单命令，在打开的"USM锐化"对话框中设置"数量"为100%，"半径"选项为1.5像素，"阈值"为0色阶，确认设置后，在图像窗口中可以看到保温杯的细节更加清晰。完成本案例的制作。

5.2 系统——宝贝分类

宝贝分类栏在网络店铺中的作用就好像实体店铺中店内商品的目录指示牌和导购员，宝贝分类是网店装修的重要环节，因为不论普通店还是旺铺，分类清清楚楚非常重要，它可以让客户很容易找到想要的产品，尤其商品种类繁多时，其作用尤为突出。

5.2.1 设计要点

宝贝分类就是店铺左侧的店铺类目，可以是文字或者图片形式，因为图片比文字更有直观、醒目的特殊效果，所以用图文结合的方式设计精美的图片分类，会让店铺货品井井有条，为店铺增色不少。如下图所示为宝贝分类栏在详情页面的位置。

淘宝网宝贝分类图片最大宽度是160像素，高度不限，文件的格式可以是JPG的图片，也可以是GIF格式的动画。在设计中有的会使用图片来对商品的分类进行提示，有的会通过色彩的反差来营造出强烈的对比，如下图所示。

值得注意的是，如果在淘宝网中对宝贝分类进行设计，由于其本身不提供分类图片上传空间，因此需要先设计好分类图片，上传到淘宝相册空间，或者其他的相册空间，然后链接图片地址就可以了。

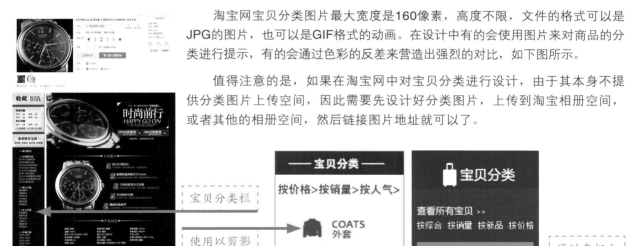

在设计宝贝分类图片的时候，要注意色调和风格的把握。由于宝贝分类图片始终贯穿每个商品详情页面的始末，在配色和风格的选择上要与网店整体风格，或者是商品的整体形象相互一致，才能使商品详情页面的色调和风格形成统一的视觉。除此之外，在很多时候店家会在分类栏的上方或下方添加多组信息，如收藏店铺、销售排名、客服等，能够让顾客在浏览商品分类的同时了解到更多的店铺信息，并提供及时的服务。

5.2.2 炫彩风格的宝贝分类设计

本案例是为某箱包店铺设计的宝贝侧边分类栏，在设计的过程中使用了简易的色块来对不同的分组信息进行表现，让顾客能够一目了然地识别出每组之间的差异，同时搭配上外形方正的字体，使得整个侧边栏的风格保持一致。而最顶端箱包的剪影小巧而精致，体现出细节上的完美。

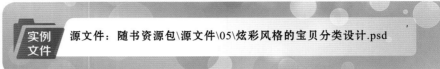

实例文件 源文件：随书资源包\源文件\05\炫彩风格的宝贝分类设计.psd

●设计要点分析

在本案例的设计中，使用了单一的色块来对侧边分类栏中的不同组别信息进行表现。由于单一色块具有醒目的特点，这样的设计可以缩短顾客浏览和查找的时间，给顾客的阅读体验加分。此外，分类栏中箱包轮廓和HOT字样的添加，也让整个设计显得精致和完美，表现出富足、充实和绚丽的感觉。

添加的箱包图案

添加的HOT字样

●配色分析

本案例是为旅行箱包设计的侧边分类栏。旅行箱包在我们的印象中，其色彩都是多种多样的，为了表现出旅途中轻松、愉悦的心情，箱包设计者通常会把箱包设计为高纯度和高明度的色彩，以突显使用者的心情，传递出浓浓的愉快之感。因此在设计侧边分类栏的过程中，我们将箱包的色彩融入绘制的形状中，通过不同色相的色块来体现出不同组别之间的差异，让顾客浏览起来更加的享受，营造出了活力、活泼、跳跃的氛围，有助于提高画面的观赏性。

●案例步骤解析

Step 01 启动Photoshop CC应用程序，新建一个文档，将"背景"图层填充上R23、G42、B136的颜色，接着绘制一个矩形，填充上适当的颜色，无描边色。

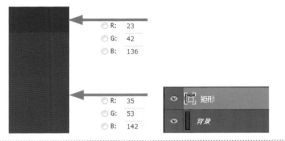

Step 02 使用"横排文字工具"在适当的位置添加所需的文字，适当调整文字的大小，在图像窗口中可以看到编辑的效果。

Step 03 新建图层，命名为"箱包"，使用"钢笔工具"在适当的位置绘制出箱包的形状，设置其填充色为白色，在图像窗口中可以看到编辑的效果。

Step 04 选择工具箱中的"矩形工具"，绘制出若干个矩形，分别为每个矩形填充上不同的颜色，无描边色。接着将这些矩形居中对齐，放在适当的位置，作为分类栏的次级分类标题，在图像窗口中可以看到编辑的效果。

Step 05 使用"横排文字工具"在次级分类标题的矩形上添加上所需的文字，打开"字符"面板对文字的属性进行设置，调整文字的颜色为白色，在图像窗口中可以看到编辑的效果。

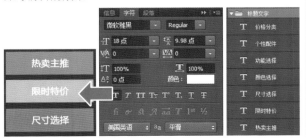

Step 06 使用"横排文字工具"继续为分类栏添加上文字，并使用HOT字样来表示其中较为热卖的分类，在图像窗口中可以看到编辑的效果。完成本案例的制作。

5.2.3　单色风格的宝贝分类设计

　　本案例是为某服装店铺设计的宝贝分类栏，在设计中使用了灰度的色彩进行单色风格的配色，画面显得非常简洁。鉴于服装会有多种色彩出现，侧边栏使用单色调的风格进行设计可以让服装更加突出。此外，在每种不同服装的类别前面都使用了外形生动的剪影来对该类型的服装进行指示，让分类表现得更加形象。

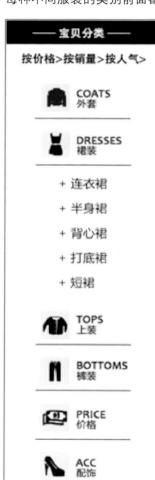

实例文件　源文件：随书资源包\源文件\05\单色风格的宝贝分类设计.psd

●设计要点分析

　　本案例是为某品牌的服饰店铺设计的宝贝分类栏，在设计的过程中通过服饰的类别将商品分为多个分组，利用服饰的剪影来为顾客塑造该类别中商品的形象，通过线条来对每组信息进行分割，顶部和底部使用黑色矩形条来进行表现，让画面具有较强的集中性和表现力。此外，单一的配色也使得该分类栏可以适合多种不同设计风格的商品详情页面。

服饰剪影效果让分类更形象，而中英文对照的文字编排提升了整体的档次

●配色分析

　　本案例在设计配色的过程中，将整个侧边栏填充上不同的灰度色彩，这种无彩色的搭配让分类栏能够适合各种色彩的商品详情页面，因为无彩色是一种表现力最扎实、最完整，在所有配色中最无疑问的配色方法，以黑、灰、白搭配容易引出高级配色，能够轻松地提升整个画面的档次，非常适合前卫、个性风格的服饰店铺使用。

专家提点

　　线条包含着多重多样的审美因子，有强弱、精细、穿插、节奏等变化，在网店装修的过程中，如果能够合理地应用线条来对画面中的文字或者图像进行修饰，可以得到很好的设计效果。线条永远是设计者最原创、最得力的伙伴。它既能准确地塑造出各种各样的形体，又能表现不同体积的空间感。

●案例步骤解析

Step 01 启动Photoshop CC应用程序，新建一个文档，使用"矩形工具"绘制一个黑色的矩形，接着利用"横排文字工具"为文件添加上所需的文字。

Step 02 使用"矩形工具"绘制出灰色的矩形，并通过"钢笔工具"绘制黑色的外套剪影，将两个图形组合在一起，放在适当位置，同时在下方添加上黑色线条。

Step 03 选择工具箱中的"横排文字工具"，在适当的位置添加上所需的文字，打开"字符"面板设置文字的字体、字号和字间距等，并调整文字的颜色为黑色，最后使用图层组对编辑的图层进行管理。

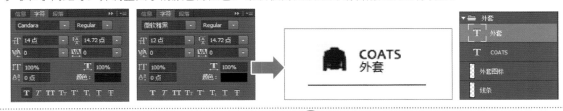

Step 04 参考前面的编辑方法，在画面中绘制出其余的图标，同时添加上相应的文字进行说明，并使用黑色的线条对信息进行分组，在图像窗口中可以看到编辑的效果。

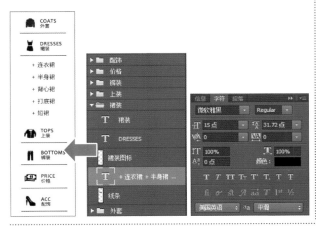

Step 05 使用"矩形工具"绘制出黑色的矩形，放在分类栏的底部，接着绘制出白色的正方形，并使用"横排文字工具"在适当的位置添加上文字，打开"字符"面板设置文字的字体、字号和颜色等信息，在图像窗口中可以看到编辑后的效果，最后使用图层组对编辑的图层进行管理，完成本案例的制作。

推荐——宝贝搭配区域

为网店策划活动如今成了每个网店卖家的必备技巧，然而，活动的效果怎样，还要看精细化运营策略中搭配销售的成果如何。如果单纯地做活动，推广一件产品，那么，火的只是这一件产品，对于店铺的整体运营来说没多大作用，所以，每个惯于做活动的卖家一定要学会如何做好搭配销售。

5.3.1 设计要点

在进行网店装修的过程中，通常会将宝贝搭配销售的区域放在单个商品详情界面的顶部，其设计的内容不会太多，因为过多的内容会对当前商品的详情产生影响，削弱了顾客对目标商品的关注度，在设计搭配区的时候，一定要把握住设计尺寸的"度"，在吸引顾客对搭配区域产生兴趣的同时，不要让商品详情中的内容太过滞后。

在通常情况下，我们会将宝贝搭配区域做成一个专题，如果商品的类别、风格够齐全的话，可以分屏设计不同的风格，例如第一屏做明星搭配，第二屏做某个色系的搭配，第三屏体现的是休闲风格等。同时可以搭配一定的文案，加长顾客在页面的停留时间。而搭配区的风格也应该与商品的形象和风格一致，才能更好地辅助商品的表现，如下图所示分别为两个不同风格的宝贝搭配区域设计。

暗色调的画面营造出冷酷的氛围，适合表现数码产品科技、睿智、精致与完美的一面，突出商品材质

粉色系的色调与女童可爱、乖萌的形象一致，让女式童装显得更加娇俏

在商品详情界面中添加宝贝搭配套餐的促销方式现在已经普遍，但是很多卖家不懂得其中促销技巧，只是根据自己的主观意识或者产品库存来设置，让顾客觉得搭配起来很不合理或者价格没有优势。在设计搭配套餐的时候，首先要考虑商品的特点，比如有的服装店铺的搭配套餐，要考虑模特身上穿的这款上衣与什么样的裤子一起搭配，会更容易吸引人；其次，两款产品搭配在一起价格很重要，一定要选择其中高价位的促销价加上几块钱，让顾客感觉另外一件是送的或者是换购的；最后搭配套餐最少是两个，最多是五个，一款产品不要设置太多搭配套餐，让主推产品起引导作用。此外，为了获得最佳的视觉效果，还可以通过相加的方式，或者是平铺展示的方式来表现出套餐的特点，由此吸引顾客的注意。

5.3.2 冷酷风格的宝贝搭配区域设计

本案例是为某品牌的相机和镜头设计的宝贝搭配区，在设计中使用较为黯沉的色彩来进行搭配，通过白色文字和暗蓝色的反差来突显文字的信息，用原价与组合价对比的方式表现出套餐组合中的价格优势，同时利用箭头作为背景进行指示，而阴影效果的添加使得画面的层次感增强。

AF-S 70-200mmf/2.8G
原价:7478 组合价仅售 **5999**元 套餐一 立即购买 ❯

AF-S VR ED 24-120mm f4G
原价:6440 组合价仅售 **4888**元 套餐二 立即购买 ❯

实例文件
素　材：随书资源包\素材\05\04、05、06.jpg
源文件：随书资源包\源文件\05\冷酷风格的宝贝搭配区域设计.psd

●设计要点分析

本案例是为数码产品设计的宝贝搭配区，在设计中将套餐中的数码产品以相加的方式捆绑起来，通过等于符号显示出折扣后的价格，利用原价与组合价对比的形式来突显价格之间的差异。值得注意的是，在设计中使用了箭头形状作为套餐的背景，可以引导顾客的视线，并通过清晰的分组来对套餐进行归类表现。

●配色分析

鉴于数码产品本身的色彩较暗，在本案例的配色中使用了与之明度相似的暗蓝色作为背景，通过白色的文字来使其与背景色彩形成强烈的反差，能够让套餐的折扣价格更加突出和醒目，清晰的加号、等于符号的配色也使得画面逻辑关系更清楚。

●案例步骤解析

Step01 启动Photoshop CC应用程序，新建一个文档，设置前景色为黑色，接着按下**Alt+Delete**快捷键，将"背景"图层填充上黑色。

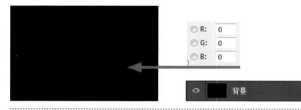

Step02 使用"矩形选框工具"创建矩形的选区，新建图层，命名为"背景"，为选区填充上**R0**、**G26**、**B47**的颜色，在图像窗口中可以看到编辑的效果。

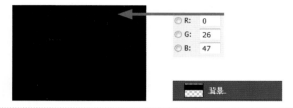

Step03 使用"钢笔工具"绘制出斜面线条的形状，填充上适当的颜色，放在画面适当的位置，并通过创建剪贴蒙版的方式对其显示进行控制，在图像窗口中可以看到编辑后的效果。

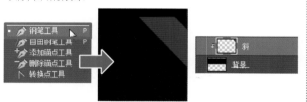

Step04 选择"横排文字工具"在适当的位置单击，输入"套餐一"，打开"字符"面板对文字的字体、字号和颜色等属性进行设置，并适当调整文字的角度，放在画面适当的位置。

Step05 使用"钢笔工具"绘制出三角形的形状，填充上**R0**、**G73**、**B134**的颜色，接着使用"投影"样式对三角形进行修饰，在相应的选项卡中设置参数，在图像窗口中可以看到编辑后的效果。

Step06 使用"钢笔工具"绘制出所需的形状，填充上**R0**、**G73**、**B134**的颜色，接着将其与前面绘制的三角形组合在一起，微调形状的距离，在图像窗口中可以看到编辑的效果。

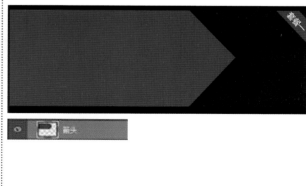

Step 07 选择"横排文字工具"在适当的位置单击，添加加号和等号，接着打开"字符"面板对文字的属性进行设置，调整文字的颜色为白色，在图像窗口中可以看到编辑后的结果。

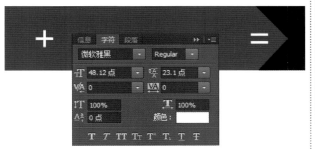

Step 08 继续使用"横排文字工具"在图像窗口中添加上所需的文字，并通过"圆角矩形工具"和"钢笔工具"绘制出所需的形状并进行修饰。

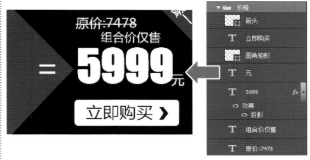

Step 09 将所需的镜头素材添加到图像窗口中，适当调整其大小，放在合适的位置，接着使用"钢笔工具"沿着镜头绘制路径，通过"路径"面板将绘制的路径转换为选区，创建选区后，为该图层添加图层蒙版，将镜头抠选出来，在图像窗口中可以看到编辑后的结果。

Step 10 创建色阶调整图层，设置RGB选项下的色阶值分别为195、0.55、255，接着将该图层的蒙版填充上黑色，将镜头添加到选区，使用白色的"画笔工具"对选区中的蒙版进行编辑。

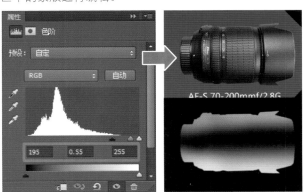

Step 11 将前面编辑的图层添加到创建的图层组"搭配1"中，接着对图层组进行复制，调整图像的位置，并适当调整该图层组文字的内容，在图像窗口中可以看到编辑的效果。

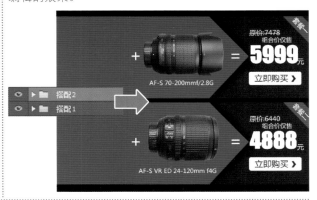

Step 12 将所需的相机素材添加到图像窗口中,适当调整素材的角度和大小,接着选择工具箱中的"磁性套索工具",在相机的边缘位置单击,添加一个锚点,使用鼠标沿着相机的边缘进行移动,Photoshop会根据鼠标运动的轨迹自动添加锚点,当最后一个锚点和第一个锚点连接时,即可将相机添加到选区中。

Step 13 利用创建的选区,为相机图层添加图层蒙版,双击图层蒙版缩览图,打开"蒙版"面板,在其中单击"蒙版边缘"按钮,打开"调整蒙版"对话框,在其中对各个选项的参数进行设置,调整抠取图像的精确度,在图像窗口中可以看到编辑的效果。

Step 14 创建色阶调整图层,设置RGB选项下的色阶值分别为0、0.30、255,接着将该图层的蒙版填充上黑色,将相机添加到选区,使用白色的"画笔工具"对选区中的蒙版进行编辑。

Step 15 对编辑的相机进行复制,移动到适当的位置,接着盖印可见图层,得到"图层1",将其转换为智能对象图层,使用"USM锐化"滤镜对其进行锐化处理,让细节更加清晰,完成本案例的编辑。

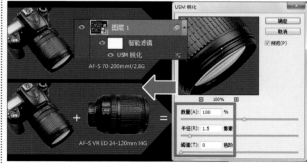

5.3.3 清爽风格的宝贝搭配区域设计

　　本案例是为某品牌的女童装设计的宝贝搭配区，鉴于女童自由、可爱、活泼的形象，在设计的过程中使用了多种色彩来营造出活力四射的氛围，采用女童穿着服装的图像来表现商品，通过对套餐进行简单的介绍来激发顾客的兴趣，其具体的设计和制作如下。

| 实例文件 | 素　　材：随书资源包\素材\05\07、08、09、10、11、12、13.jpg |
| | 源文件：随书资源包\源文件\05\清爽风格的宝贝搭配区域设计.psd |

●设计要点分析

　　本案例设计的是女式童装的套餐，由于服装的素材为模特展示效果，因此在设计套餐的过程中将模特抠取出来放在统一的背景中，让画面整体风格看起来更和谐，同时艺术化的标题和简明扼要的套餐说明让套餐页面中的信息表现更加具有设计感，也更容易引起顾客的注意和兴趣。

●配色分析

　　本案例中的配色要从两个方面来分析，一个是画面背景和文字的设计配色，一个是女童服装的配色，具体如下图所示，它们的色彩都偏向暖色系，并且色彩较亮，融合在一个画面中可形成清爽、甜美的风格，与女童服装的形象相互一致。

设计配色　　　　　　　　　　　　　　服装配色

● 案例步骤解析

Step 01 启动Photoshop CC应用程序，新建一个文档，新建图层，命名为"背景"，绘制一个矩形，填充上 **R239、G239、B239** 的颜色，在图像窗口可看到编辑的效果。

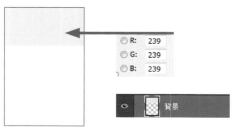

Step 02 将所需的沙滩素材添加到图像窗口中，使用"渐变工具"对其添加的图层蒙版进行编辑，制作出渐隐的效果，并拷贝花卉素材，更改图层蒙版的编辑。

Step 03 选择工具箱中的"钢笔工具"，绘制出所需的梯形，为其填充上 **R244、G201、B86** 的颜色，无描边色，放在画面中适当的位置，在图像窗口中可以看到编辑的效果。

Step 04 将所需的儿童素材添加到图像窗口中，使用"磁性套索工具"将儿童抠取出来，并通过图层蒙版控制其显示，适当调整儿童图像的大小，放在画面的左侧，在图像窗口中可以看到编辑的效果。

Step 05 使用"钢笔工具"，绘制出所需的梯形，为其填充上白色，无描边色，放在画面中适当的位置，设置白色梯形的"不透明度"选项为 **66%**。

Step 06 使用工具箱中的"横排文字工具"在画面适当位置单击，添加上所需的文字，并通过"椭圆工具"绘制出所需的圆形。

Step 07 使用"横排文字工具"输入"省钱搭配购"，接着利用"渐变叠加"样式对其进行修饰，在相应的选项卡中对各个选项的参数进行设置，在图像窗口中可以看到编辑的效果。

Step 08 选择工具箱中的"矩形工具"，在图像窗口中单击并拖曳，绘制大小不相同的两个矩形，分别填充上不同明度的粉红色，将两个矩形叠加放在一起，在图像窗口中可以看到编辑的效果。

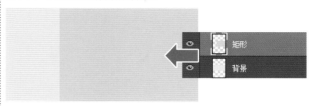

Step 09 使用"钢笔工具"绘制出其他的形状，分别填充上适当的颜色，并通过"渐变叠加"对其中一个形状的颜色进行修饰，在相应的选项卡中调整选项的参数，在图像窗口中可以看到编辑的效果。

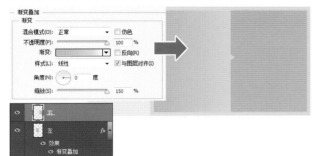

Step 10 将所需的儿童素材添加到图像窗口中，接着将其抠选出来，利用图层蒙版对其显示进行控制，通过剪贴蒙版功能对抠取图像的显示进行进一步的约束，并适当调整儿童素材的位置。

Step 11 使用"矩形工具"绘制出所需的形状，接着利用"横排文字工具"在画面适当的位置添加上所需的文字，在"字符"面板中设置文字的属性，在图像窗口中可以看到编辑的效果。

Step 12 继续使用"横排文字工具"为画面中添加所需的文字，并使用线条和圆形对文字进行修饰，通过创建图层组对编辑的图层进行管理。

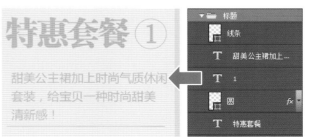

Step 13 使用"矩形工具""钢笔工具"和"圆角矩形工具"绘制出所需的形状,接着使用"横排文字工具"为画面添加所需的文字,在图像窗口中可以看到编辑后的效果。

Step 14 参考前面的绘制制作出另外一组色调的背景,接着将所需的儿童素材添加到图像窗口中,接着将其抠选出来,利用图层蒙版和剪贴蒙版功能对抠取图像进行约束,并适当调整儿童素材的位置。

Step 15 参考前面文字的编辑和设置,在第二组套餐的适当位置也添加所需的文字信息,适当调整文字和形状的颜色,使其与背景色调一致,并通过图层组对图层进行归类和整理,在图像窗口中可以看到编辑的效果。

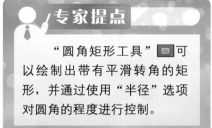

专家提点

"圆角矩形工具"可以绘制出带有平滑转角的矩形,并通过使用"半径"选项对圆角的程度进行控制。

Step 16 按下Ctrl+Alt+Shift+E快捷键,盖印可见图层,得到"图层1"图层,将其转换为智能对象图层,执行"滤镜>锐化>USM锐化"菜单命令,在打开的"USM锐化"对话框中设置"数量"为60%,"半径"选项为1.0像素,"阈值"为1色阶,确认设置后,在图像窗口中可以看到画面的细节更加清晰。本案例的制作完成。

5.4 详情——宝贝细节展示

是否能让客户下订单，要看宝贝详情页面设计和安排得是否深入人心。商品实拍是基本的，它能让顾客明白这是商家的直销产品，质量是信得过的。商品详情页面的设计在整个网店装修中可谓重中之重，它基本可以决定该商品是否能成交。接下来就让我们一起来学习商品细节展示的设计。

5.4.1 设计要点

在单个宝贝页面的设计中，商品信息的编辑与设计尤为重要，再好的产品，没有漂亮的文案与精致的设计，也打动不了顾客的心。商品信息和宝贝图像通过设计排版，让宝贝详情页面更加美观，展示出更多的性能信息。

在宝贝描述页面中为了让顾客真实地体验到宝贝的实体效果，要设计出相应的"使用感受""尺码标示"和"宝贝细节"等相关的内容。由于宝贝描述页面各栏信息同属一个页面，因此在设计中要注意把握好画面整个的风格、色彩和修饰元素，必要的情况下要使用风格一致的标题栏来对每组信息进行分类显示，让顾客能够一目了然地浏览到所需要掌握的信息。如下图所示的宝贝详情页面中都使用了同一风格的标题，来对商品的每组信息进行分类。

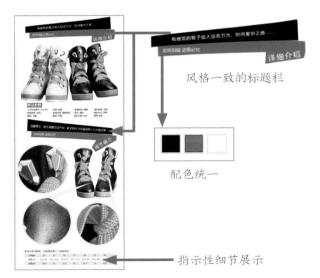

风格一致的标题栏

配色统一

指示性细节展示

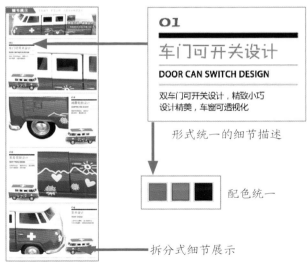

形式统一的细节描述

配色统一

拆分式细节展示

商品的细节主要分为两种方式进行表现，一种是将商品的各个区域进行逐一的放大，另一种是通过指示标明的方式来让商品的个别区域进行放大显示，具体的应用要根据商品特点来决定。值得注意的是，商品的规格、颜色、尺寸、库存等虽然很容易介绍清楚，但是设计不好会显得非常死板。因此，宝贝细节展示页面并不能盲目地设计，宝贝的描述第一部分先写什么，第二部分写什么，什么时候添加文字，什么时候插图，都要仔细研究和分析。

5.4.2 指示性宝贝细节展示的设计

本案例是为某品牌的女式运动鞋设计的宝贝细节展示，在设计的过程中先将鞋子的整体形象展示出来，并通过详尽的数据说明女鞋的材质和特点，接着利用指示的表现方式将女鞋的部分区域放大，让顾客能够清晰地看到女鞋的局部，最后使用表格的方式对女鞋的尺码进行介绍，使得整个画面详尽而完美。

实例文件	素　　材：随书资源包\素材\05\14、15.jpg
	源文件：随书资源包\源文件\05\指示性宝贝细节展示的设计.psd

●设计要点分析

本案例中所涉及的商品为运动鞋，由于运动鞋在日常生活中较为常见，因此在制作宝贝细节展示页面的过程中，只需将其最具有特点的几个细节突显出来，同时搭配上相应的详情和表格化的尺寸参照，完善商品的信息表现，让顾客能够全方位地对运动鞋的形象进行勾画。

●配色分析

本案例中的运动鞋配色和设计配色如下图所示，可以看到设计配色主要以灰度的色彩为主，而商品的配色是在灰度的色彩中加入了暖色调而创建的配色，这样的配色导致整个画面形成了无彩色与有彩色碰撞，表现出个性、刺激的视觉感受，能够体现出年轻人活力、追求另类的心态。

商品配色　　　　　　　　　　　设计配色

●案例步骤解析

Step 01 启动Photoshop CC应用程序，新建一个文档，选择工具箱中的"钢笔工具"，绘制出所需的形状，分别填充上黑色和R103、G103、B103的颜色，无描边色，在图像窗口中可以看到编辑的效果。

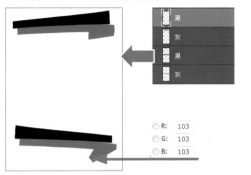

Step 02 选择工具箱中的"横排文字工具"，在适当的位置单击，添加上所需的文字，接着对文字的字体、字号进行设置，调整文字的颜色为白色，并对文字的角度进行适当的旋转。

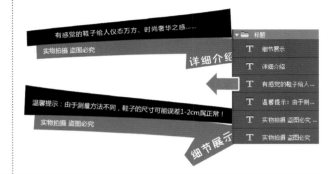

Step 03 使用"矩形工具"绘制出所需的矩形，填充上适当的灰度色，接着使用"横排文字工具"在适当的位置单击，输入所需的文字，打开"字符"面板对文字的属性进行设置。

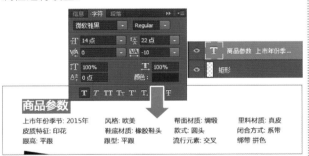

Step 04 将所需的商品素材添加到图像窗口中，适当调整其大小和位置，接着使用"磁性套索工具"沿着鞋子的边缘创建选区，添加图层蒙版将鞋子抠选出来，在图像窗口中可以看到编辑的效果。

Step 05 将另外一个鞋子的素材添加到图像窗口中，适当调整其大小和位置，参考Setp04的方法，使用"磁性套索工具"沿着鞋子的边缘创建选区，添加图层蒙版将鞋子抠选出来，在图像窗口中可以看到编辑的效果。

Step 06 再次将鞋子素材添加到图像窗口中，使用"椭圆选框工具"创建圆形的选区，并通过创建的选区添加图层蒙版，对鞋子的显示进行控制，把鞋子的细节展示出来。

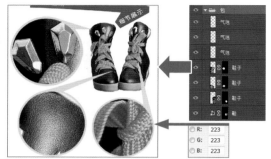

Step 07 新建图层，命名为"气泡"，使用"钢笔工具"绘制出所需的指示形状，填充上适当的颜色，将各个细节在鞋子的具体位置标明出来，在图像窗口中可以看到编辑后的效果。

Step 08 将画面中的鞋子添加到选区中，接着创建色彩平衡调整图层，在打开的"属性"面板中设置"中间调"选项下的色阶值分别为−10、+12、+19，选择"色调"下拉列表中的"高光"，设置该选项下的色阶值分别为+6、+3、+14，对鞋子的颜色进行细微的调整，避免由于偏色而造成顾客对鞋子的颜色理解错误。

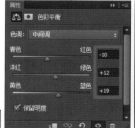

Step 09 将鞋子添加到选区中，接着创建曲线调整图层，在打开的"属性"面板中对曲线的形状进行调整，对鞋子的亮度和层次进行修饰，在图像窗口中可以看到编辑后的鞋子更亮，层次更清晰。

Step 10 选择工具箱中的"矩形工具",在图像窗口中单击并拖曳,绘制出所需的矩形条,分别为矩形填充上适当的颜色,无描边色,接着选择"横排文字工具",在适当的位置单击,添加上所需的文字,打开"字符"面板对文字的属性进行设置,在图像窗口中可以看到编辑的结果。

Step 11 继续使用"横排文字工具"为商品的尺码进行编辑,输入多组商品信息文字,打开"字符"面板对文字的颜色、字体和字号等进行调整,在图像窗口中可以看到编辑的结果。

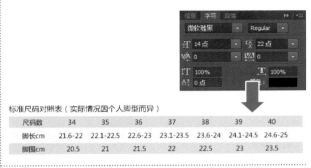

标准尺码对照表(实际情况因个人脚型而异)

尺码数	34	35	36	37	38	39	40
脚长cm	21.6-22	22.1-22.5	22.6-23	23.1-23.5	23.6-24	24.1-24.5	24.6-25
脚围cm	20.5	21	21.5	22	22.5	23	23.5

Step 12 选择工具箱中的"矩形工具",设置前景色为白色,使用该工具绘制出白色的矩形条,将每组信息分隔开,并对矩形进行复制,放在适当的位置,在图像窗口中可以看到编辑的效果。

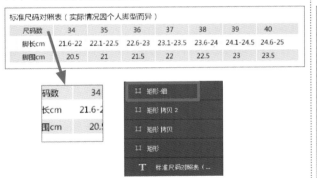

Step 13 盖印可见图层,将得到的"图层1"转换为智能对象图层,使用"USM锐化"滤镜对画面进行锐化处理,让图像的细节更加清晰,在图像窗口中可以看到本案例最终的编辑效果。

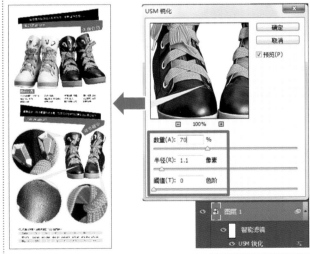

专家提点

将矩形的"宽度"或者"高度"设置为较小的像素值,即可绘制出细长的矩形条。

5.4.3 拆分式宝贝细节展示的设计

本案例是为某品牌的玩具车设计的宝贝细节展示，为了让顾客能够清晰地看到玩具车各个区域的细节，在设计的过程中将玩具车拆分为四个部分进行逐一展示，同时使用简单、总结性的文字对玩具车该部分的设计特点进行说明，整个画面采用错位的布局形成视觉上的引导，同时简单的配色也让玩具车能够重点突出。

实例文件

素　　材：随书资源包\素材\05\16.jpg
源文件：随书资源包\源文件\05\拆分式宝贝细节展示的设计.psd

●设计要点分析

本案例设计的宝贝细节展示对象为仿真玩具车，在设计的过程中，把玩具车拆分为四个不同的部位，将玩具车从头到尾进行了逐一展示，并通过精简的文字对玩具车各个部位的特点进行了说明，及时地消除顾客对于该区域的困惑，加深顾客对商品细节的了解。而拆分的每个细节的下方位置都以小面积的方式把玩具车的整体形象进行了展示，巩固商品在顾客心中的印象，有助于提高顾客的兴趣，从而达到提升商品销售量的目的。

●配色分析

在本案例的配色中，从色相的选择来说，主要使用了红色和

黑色，分别将红色和黑色进行明度上的细微变化，扩展出与之相近的色彩，让画面的层次得以清晰。而红色又是强有力的色彩，是热烈和冲动的色彩，设计时让整个画面中的文本和形状沿用商品的配色，使得整个画面的配色协调而统一，具有高度的一致感，能反复地强化玩具车的形象表现。

● 案例步骤解析

Step 01 启动Photoshop CC应用程序，新建一个文档，使用"矩形工具"绘制所需的矩形，作为标题背景，接着使用"钢笔工具"绘制梯形，填充上适当的颜色，并使用"投影"对其进行修饰。

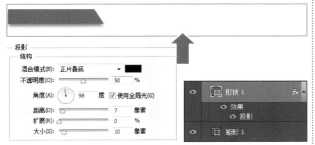

Step 02 选择工具箱中的"横排文字工具"，在适当的位置单击并输入所需的内容，接着打开"字符"面板对文字的颜色、字体和字号等属性进行设置，在图像窗口中可以看到编辑的效果。

Step 03 将所需的玩具车添加到图像窗口中，适当调整玩具车素材的大小和位置，接着使用"矩形选框工具"创建矩形的选区，以选区为标准添加图层蒙版，对玩具车的显示进行控制。

Step 04 将小车图像添加到选区中，为选区创建色阶和亮度/对比度调整图层，在相应的"属性"面板中对参数进行设置，提亮玩具车图像的影调和层次，在图像窗口中可以看到编辑的效果。

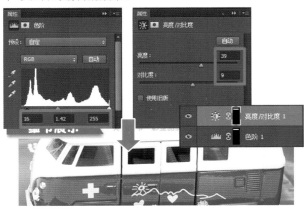

Step 05 使用"矩形工具"绘制出所需的矩形，并调整其"不透明度"为30%，接着为矩形添加上图层蒙版，使用"渐变工具"对图层蒙版进行编辑，在图像窗口中可以看到编辑的效果。

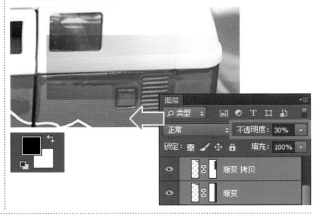

Step 06 使用"横排文字工具"为画面添加上所需的文字，对文字的大小、位置和对齐方式进行调整，并使用"描边"样式对部分文字进行修饰，在图像窗口中可以看到编辑的效果。

Step 07 将玩具车素材添加到图像窗口中，使用"钢笔工具"沿着玩具车的边缘绘制路径，接着把路径转换为选区，以选区为标准创建图层蒙版，把玩具车抠选出来，在图像窗口中可以看到编辑的效果。

Step 08 将玩具车添加到选区中，为选区创建色阶调整图层，在打开的"属性"面板中依次拖曳RGB选项下的色阶值分别为12、1.44、203，将玩具车调亮，并在其下方绘制出阴影效果。

Step 09 对编辑的玩具车的图层进行复制，将其合并在一个图层中，接着把复制的玩具车放在画面适当的位置，部分进行水平翻转处理，在图像窗口中可以看到编辑的效果。

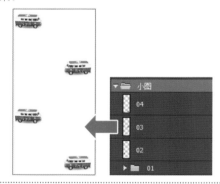

Step 10 选择工具箱中的"矩形工具"，在图像窗口中单击并拖曳，绘制出所需的矩形条，接着为绘制的矩形填充上所需的颜色，并使用图层组对编辑的图层进行管理，在图像窗口中可以看到编辑的效果。

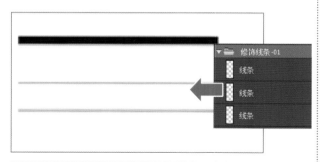

Step 11 按下Ctrl+J快捷键，对绘制的线条图层组进行复制，放在页面上每个玩具车的附近位置，在图像窗口中可以看到编辑的效果。

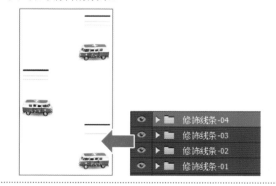

Step 12 使用"矩形工具"绘制出较长的矩形条，设置矩形条的颜色为一定程度的灰色，对绘制的矩形条进行复制，利用矩形条将每组信息分割开，在图像窗口中可以看到编辑的效果。

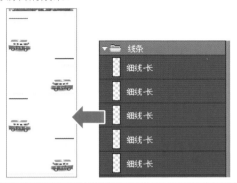

Step 13 使用"横排文字工具"在适当的位置单击，添加上所需的文字，对添加的文字进行字体、字号和颜色的设置，放在绘制线条的适当位置，并参照这种设置制作出其余几组文字信息。

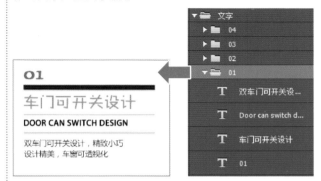

Step 14 将玩具车拖曳到图像窗口中，适当调整其大小，使用"矩形选框工具"创建选区，为玩具车添加图层蒙版，对其显示进行控制，展示出玩具车的细节，在图像窗口中可以看到编辑的效果。

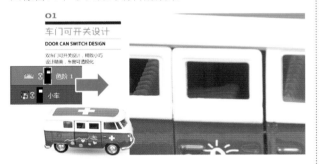

Step 15 参考前面的编辑方法，将其余的玩具车的细节制作出来，放在相应的位置，并使用色阶调整图层对细节的亮度进行修饰。

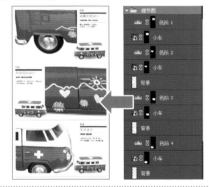

Step 16 按下Ctrl+Alt+Shift+E快捷键，盖印可见图层，得到"图层1"图层，将其转换为智能对象图层，执行"滤镜>锐化>USM锐化"菜单命令，在打开的"USM锐化"对话框中设置"数量"为100%，"半径"选项为1.1像素，"阈值"为0色阶，确认设置后，在图像窗口中可以看到玩具车的细节更加清晰。本案例制作完成。

示例 教你打造最佳的宝贝详情页面的信息顺序

面对越来越挑剔的顾客，店家只有从细节上下足功夫，才能吸引顾客的注意力，这些细节中最重要的莫过于宝贝详情页面了。那么，怎样的宝贝详情页才算是优秀的呢？在设计宝贝详情页面时需要怎样调整信息的顺序才能让顾客更容易接受呢？接下来让我们一起学习如何打造最佳的详情页面的信息顺序。

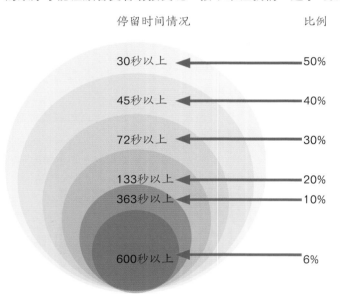

宝贝详情页面在装修中至关重要，详情页面中的主图就相当于人的脸面，详情页面的图片、文字、媒体等就是这款商品的简历，整个详情页面就如同一个商铺，是由浏览转化为购买的一个重要平台，同时详情页面也是展示详细产品、品牌魅力进而赢得老客户的重要途径。

通过对多个顾客进行调查，可以看到顾客在该页面中停留时间的情况，如左图所示，从这些数据可以看出，想要宝贝详情页面中的大部分信息被顾客浏览，就要特别注意详情页面的内容多少和编排顺序，力求在最短的时间内传递出最多的商品信息，提高店铺的转化率。

要打造出优秀的宝贝详情页面，就要对详情页面中所包含的信息进行梳理。宝贝详情页面是给顾客看的，其中的内容就要以顾客的需求来进行安排，那么哪些信息是顾客所需要的呢？具体如下图所示。

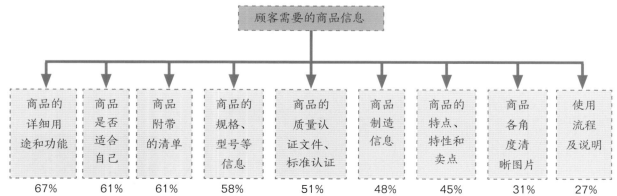

对顾客所需要的商品信息有一定的了解之后，我们就可以根据这些信息，再搭配上店铺相关的销售和品牌等内容，一起来设计宝贝详情页面，宝贝详情页面的最佳顺序如下图所示。

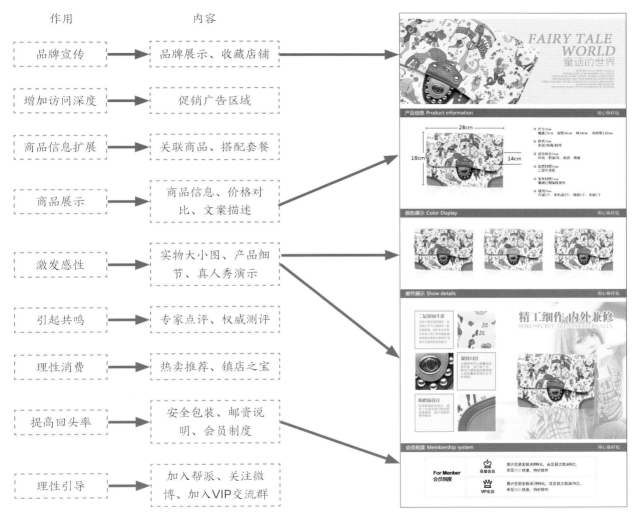

上述的信息顺序是商品详情页面的最佳排列方式，但是在实际装修时，除了要考虑信息的排列顺序以外，还要考虑到详情页面篇幅长短的问题，不一定会将所有的信息都设计到其中，而是把店家认为较重要的，或者是与商品关系密切的信息添加到详情页面中。此外，在考虑信息排序的时候，还要考虑到顾客浏览的时间和耐心。如果强硬地将这些信息都全部添加到商品的详情页面中，有可能会出现信息过多而导致显示过慢，或者阅读量太大让顾客失去了解的兴趣。所以适当地对商品详情页面的信息进行规划，是设计好该页面的根本，也是提高转化率的有利武器。

示例 巧用模板快速制作搭配套餐

　　在对店铺进行网店装修时，由于店铺的商品繁多，需要制作和设计的页面也相应增多，此时如果能够对某些区域的设计进行一定的简化，或者使用某些技巧加快编辑的速度，可以大大提高网店装修的效率。接下来我们介绍如何使用模板来设计商品详情页面中的搭配套餐。

　　网店装修中，套餐搭配区域的设计与其他区域的设计不同，该区域主要用于将两个或两个以上的商品联系起来，制作出捆绑销售的效果，因此设计的模式较为固定。为了提高网店装修的效率，且让设计的效果显得专业，店家可以考虑使用套餐搭配模板来进行快速创作。

　　现在很多素材网站都有专业的网店套餐搭配的素材下载，用户只需下载这些素材，将店家自己的商品橱窗图添加到其中，更改文件中的文字信息和价格，即可轻松完成制作，具体如下。

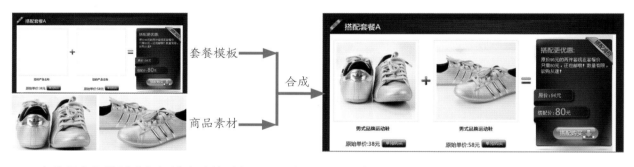

　　在使用套餐模板进行设计合成的时候，要注意商品的风格、色调与模板的协调性，例如商品的色调偏淡，那么在选择模板的时候一定要选择明度较高的模板来进行制作。除此之外，还要考虑到套餐模板与整个商品页面的统一性，不要因风格不同而产生格格不入的效果。但是也有例外的时候，例如适逢某个特殊的节日或者店庆的时候，要使用与这个节日风格或者店庆氛围相关的模板来设计。

　　如下图所示为两种不同风格的套餐搭配模板，可以将其应用到一些女性、婴幼儿商品中，或者夏季时使用。

Chapter 06

第一印象

—— 网店首页整体装修

网店首页的装修效果会影响顾客对于这个店铺的第一印象，它是店铺的门面，也是店铺的形象。网店首页中所包含的内容很多，如店招、导航、客服、收藏区等，如何将这些内容融入同一个画面中，是非常考验设计者创意的。本章将对三种不同类型商品的网店首页进行设计，从不同的设计角度出发，打造出风格和布局都各具特色的网店首页装修效果，教会读者掌握不同商品的网店首页装修技巧。

本 章 重 点

- 首页
- 整体
- 饰品
- 女装
- 数码

6.1 饰品店铺首页装修设计

　　本案例是为民族饰品所设计的网店首页，在设计中以素材的风格为基础，将画面打造出水墨风格的效果，表现出一股浓浓的古典韵味。

● 技术制作要点

- 使用"图层混合模式"将背景中的水墨叠加到纯色的背景中，并利用"不透明度"来控制其显示效果。
- 用"钢笔工具"在饰品的边缘创建路径，将创建的路径转换为选区，利用选区创建图层蒙版，由此来抠取饰品。
- 使用"横排文字工具"或者"直排文字工具"为画面添加所需的文本信息，通过"字符"面板对文本属性进行设置。
- 利用"剪贴蒙版"功能对饰品素材的显示进行修饰，使其边缘呈现出毛笔绘制的效果，增添商品的表现力和设计感。

实例文件		
素　材：	随书资源包\素材\06\01～10.jpg，11.psd	
源文件：	随书资源包\源文件\06\饰品店铺首页装修设计.psd	

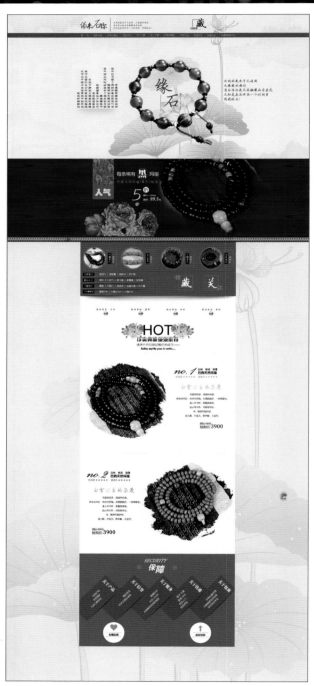

●灵感来源

观察本案例中的素材照片，可以发现这些饰品的风格都表现出了浓郁的中国古典韵味，有鲜明的中国少数民族的特点。由此，我们展开联想，在设计中将水墨这种带有独特视觉效果的元素融入网店的首页中。

在首页背景的制作中，选择了荷花这种品质纯净高尚的植物来进行修饰，使其与饰品通透的特点相互辉映，更加切入主题，具体如下图所示。

中国古典韵味 →

分析饰品照片的风格　　　　　　　　　　联想到水墨画风格　　　首页水墨风格背景

确定页面背景的风格后，根据水墨的特点，在首页的文字、饰品边缘处理和素材的编辑过程中，都将水墨的元素表现得淋漓尽致，使得画面风格统一、和谐，具体设计效果如右图所示。

●配色分析

根据确定的水墨风格，在首页的配色中，选择了接近宣纸的颜色作为背景主要的色彩，搭配上与水墨印章相似的红色进行点缀。虽然红色没有印章的色彩浓艳，但是降低其纯度之后，能够给人一定的朴实感，在迎合画面中背景色调的同时，使得画面中的元素主次分明，让整个画面的色调和谐、统一，不会存在色彩上的违和感，具体配色如下。

●视觉引导线

在本例的布局设计中，由于首页的信息较为丰富，为了让顾客的视线停留在兴趣点上，布局中使用了曲线来对视线进行引导，将顾客感兴趣的商品放在曲线上，使其呈现出S形，让整个画面不会因为众多的商品信息而显得呆板、单一，体现出较强的设计感，具体如右图所示。

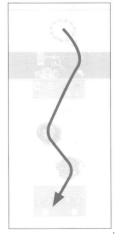

6.1.1 制作背景确定设计风格

在画面的背景中添加上水墨样式的荷花，通过图层混合模式将其与背景融合在一起，利用背景色和荷花确定画面的风格，接着添加手写样式的文字来制作出店招和导航，具体如下。

Step01 新建一个文档，按照设计所需设置文件的大小，将背景色填充为R237、G234、B223的颜色，接着将所需的水墨荷花素材添加到文件中，适当调整其大小，最后在"图层"面板中设置其混合模式为"明度"，"不透明度"选项的参数为10%，在图像窗口中可以看到编辑的效果。

Step02 使用"矩形工具"在画面的顶端适当位置绘制矩形条，将其作为导航条的背景，接着使用"横排文字工具"在适当的位置单击，输入导航条上的文字，打开"字符"面板对文字的属性进行设置，并使用"投影"样式对文字进行修饰。

Step03 选择工具箱中的"横排文字工具"，在画面的最顶端添加上网店的名称和相关的文字信息，调整文字的大小和位置，并为文字设置不同的填充色，在图像窗口中可以看到编辑的效果。

Step04 使用"矩形工具"绘制出所需的线条，通过"横排文字工具"为收藏区域添加文字，最后创建图层组对图层进行管理。

6.1.2 抠取饰品制作欢迎模块

使用"钢笔工具"抠取饰品，并通过"亮度/对比度"调整图层来对其层次和明亮度进行修饰，让饰品呈现出通透的感觉，最后添加段落文字，利用手写字体营造出古典的韵味。

Step 01 将水墨荷花素材添加到文件中，设置其"图层混合模式"为"明度"，"不透明度"选项为**30%**，让荷花与背景的颜色融合在一起，在图像窗口中可以看到编辑的效果。

Step 02 执行"文件＞置入"菜单命令，在打开的"置入"对话框中选择所需的饰品素材，将其添加到文件中，使其变成智能对象图层，适当调整饰品素材的大小和位置。

Step 03 选择工具箱中的"钢笔工具"，搭配"删除锚点工具""添加锚点工具"等路径编辑工具，沿着饰品的边缘绘制路径，通过对路径进行加减，将饰品包围在绘制的路径中。

Step 04 打开"路径"面板，单击面板下方的"将路径作为选区载入"按钮，将绘制的路径转换为选区，并为饰品图层添加图层蒙版，把饰品从素材中抠取出来，在图像窗口中可以看到编辑的效果。

Step 05 按住**Ctrl**键的同时单击饰品图层的蒙版缩览图，将饰品添加到选区中，为其创建亮度/对比度调整图层，设置"亮度"为**23**，"对比度"为**17**，对饰品的层次和亮度进行调整。

Step 06 选择工具箱中的"横排文字工具"，在饰品的中间位置单击，输入所需的文字，并打开"字符"面板对文字的字体、字号、颜色等进行设置，在图像窗口中可以看到编辑的效果。

Step 07 使用"横排文字工具"和"直排文字工具"在画面中适当的位置单击，输入所需的段落文字，打开"字符"和"段落"面板，分别对每组文字的字体、字号、颜色、字间距和对齐方式等属性进行设置，在图像窗口中可以看到两组段落文字编辑的效果。

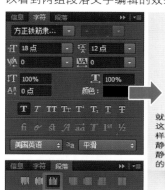

Step 08 创建图层组，命名为"欢迎模块"，将编辑的图层拖曳到其中，便于管理和归类，接着使用"移动工具"对欢迎模块中的元素进行细微的调整，完善其编辑效果，在图像窗口中可以看到欢迎模块的制作结果。

6.1.3 明度较暗的二级海报

　　二级海报位于欢迎模块的下方，是网店首页中较为重要的部分，本案例中将店铺中的人气商品放置在其中，利用与欢迎模块较大的明度差距来让整个首页呈现出层次感，其制作的具体步骤如下。

Step 01 　将所需的木制纹理和屋檐素材添加到图像窗口中，按下Ctrl+T快捷键，利用自由变换框对素材的大小和位置进行调整，制作出二级海报的背景，在图像窗口中可以看到编辑的效果。

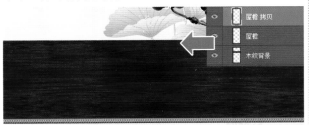

Step 02 　使用"矩形工具"绘制出一个矩形，填充上适当的颜色，接着使用"横排文字工具"在适当的位置输入"人气"，打开"字符"面板对文字的属性进行设置，在图像窗口中可以看到编辑的效果。

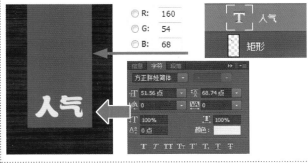

Step 03 　将所需的花纹素材添加到文件中，适当调整其大小和位置，接着使用"椭圆选框工具"创建选区，为该素材的图层添加图层蒙版，对花纹的显示进行控制，在图像窗口中可以看到编辑的效果。

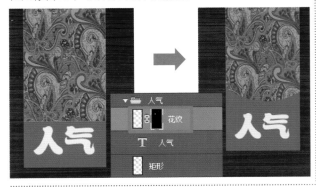

Step 04 　选择工具箱中的"横排文字工具"，在二级海报的适当位置单击并输入所需的文字，在"字符"面板中设置文字的属性，在这里可以参阅本案例的源文件来进行编辑，在图像窗口中可以看到编辑的效果。

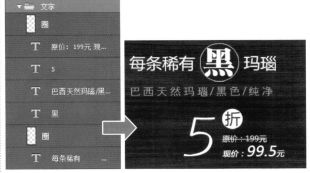

专家提点

　　在使用"椭圆选框工具"的过程中，按住Shift键的同时使用该工具，可以创建出正圆形的选区。

Step 05 将黑色的玛瑙素材添加到文件中，适当地调整其大小，接着为其图层添加上白色的图层蒙版，使用"画笔工具"对蒙版进行编辑，只显示出饰品的部分，让饰品的表现更加自然。

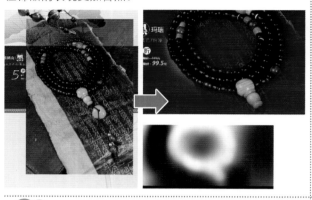

Step 06 将所需的花朵素材添加到图像窗口中，适当调整其大小、位置和角度，接着选择工具箱中的"魔棒工具"，在其工具选项栏中设置"容差"为20，用该工具在白色的部分单击，将素材中的白色区域选中。

Step 07 将素材的白色区域选中后，执行"选择＞反向"菜单命令，对创建的选区进行反选，以选区为标准创建图层蒙版，最后再用"矩形选框工具"对图层蒙版的局部进行编辑。

Step 08 在"图层"面板中设置花朵素材的图层混合模式为"点光"，"不透明度"选项的参数为70%，使其与背景中的木制纹理合并在一起，在图像窗口中可以看到编辑的效果。

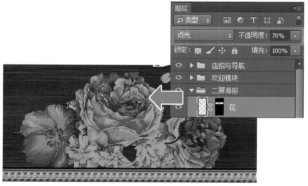

Step 09 在图像窗口中使用"移动工具"对设计的各个元素进行细微的调整和移动，完成微调后，使用图层组对图层进行管理，在图像窗口中可以看到二级海报编辑的效果。

6.1.4 使用分类栏引导购物

分类栏可以让顾客快速对店铺中的商品有大致的了解。本案例中使用饰品图片来对不同类型的饰品进行修饰，利用饰品的分类给人直观的感受，并通过虚线的修饰让该区域看起来更加的精致，其具体的制作方法如下。

Step 01 选择"矩形选框工具"创建选区，在新建的"背景"图层中为选区填充上R159、G54、B68的颜色，并使用黑色的"画笔工具"在"投影"图层中进行涂抹，绘制出矩形的投影。

Step 02 使用"矩形工具"绘制出黑色的矩形，再使用"直排文字工具"在适当的位置单击，输入所需的直排文字，打开"字符"面板对文字的属性进行设置，在图像窗口中可以看到编辑的效果。

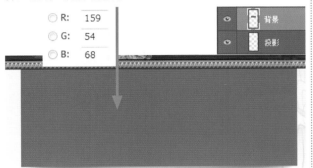

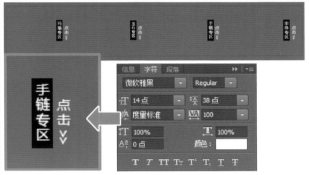

Step 03 创建椭圆和折线路径，使用"横排文字工具"在创建的路径上输入所需的内容，制作出虚线的效果，最后将多余的路径删除，并将路径文字图层栅格化，对绘制的圆形和折线的虚线进行复制，放在适当的位置。

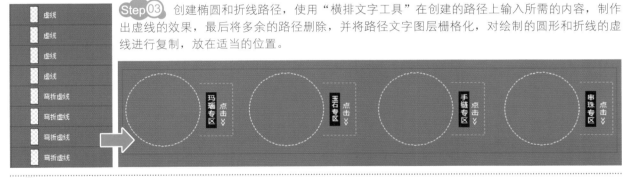

Step 04 将所需的饰品素材添加到图像窗口中，适当调整其大小，使用"椭圆选框工具"创建圆形的选区，以选区为标准为图层添加图层蒙版，对饰品素材的显示进行控制，在图像窗口中可以看到编辑后的饰品素材的效果。

Step 05 制作出带有虚线的田字格，接着使用"横排文字工具"在适当的位置单击，输入所需的文字，打开"字符"面板对文字的属性进行设置，最后利用"投影"样式对文字进行修饰。

Step 06 另外输入所需的文字，打开"字符"面板设置文字的属性，并将文字放在适当的位置上，在"图层"面板中设置其"不透明度"选项的参数为**50%**，在图像窗口中可以看到编辑的效果。

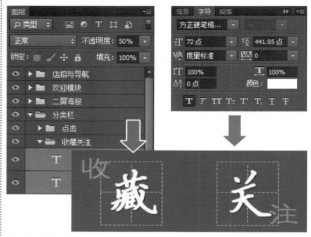

Step 07 使用"画笔工具""矩形工具"和"橡皮擦工具"绘制出所需的阴影和黑色色调，适当调整其编辑的效果，将其作为商品分类的背景，在图像窗口中可以看到编辑的效果。

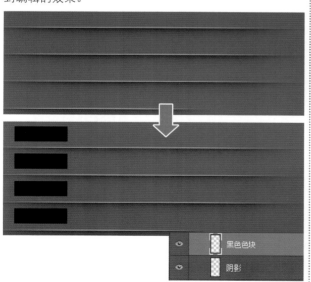

Step 08 选择工具箱中的"横排文字工具"，在适当的位置单击并输入所需的文本内容，打开"字符"面板对文字的属性进行设置，并利用"投影"样式增强文字的表现力，在图像窗口中可以看到编辑的效果。

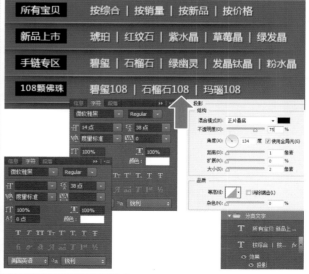

6.1.5 推荐款区域呈现主打商品

推荐款区域包含了客服、标题和主打商品展示等内容，这些内容信息较多，在制作中我们使用错落的方式来对其进行布局，使其呈现出曲线的视觉引导效果，其具体的制作方法如下。

Step 01 新建图层，命名为"背景"，使用"矩形选框工具"创建矩形的选区，接着设置前景色为R255、G255、B255的颜色，按下Alt+Delete快捷键为选区填充上适当的颜色，作为主打商品区域的背景。

Step 02 参考前面绘制圆形虚线的方式，绘制出另外的圆形虚线，并为其添加上所需的文字、旺旺头像和线条，制作客服区的内容，在图像窗口中可以看到编辑后的效果。

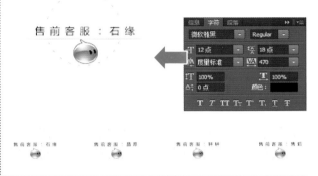

Step 03 选择工具箱中的"横排文字工具"，在适当的位置单击，输入所需的文字，打开"字符"面板对文字的属性进行设置，并使用"渐变叠加"修饰文字，在图像窗口中可以看到编辑的效果。

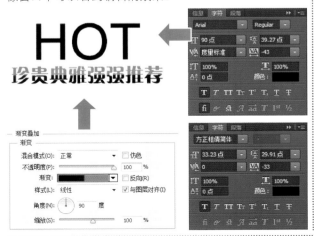

Step 04 选择工具箱中的"横排文字工具"，在适当的位置单击，再次输入所需的文字，打开"字符"面板对文字的属性进行设置，调整文字的位置和大小，在图像窗口中可以看到编辑后的结果。

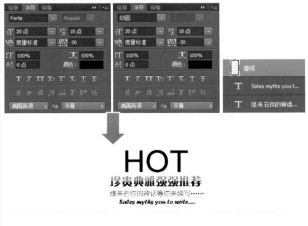

Step 05 将所需的花朵素材添加到图像窗口中，对其进行水平翻转，放在适当的位置上，设置其混合模式为"正片叠底"，对添加的文字进行修饰。

Step 06 选择工具箱中的"横排文字工具"，在适当的位置单击，输入所需的商品介绍、价格等信息文字，打开"字符"面板对文字的属性进行设置。

Step 07 使用"画笔工具"绘制出水墨的背景，使其边缘呈现出毛糙的感觉，接着将饰品素材添加到图像窗口中，通过创建剪贴蒙版控制图像的显示，在图像窗口中可以看到编辑的效果。

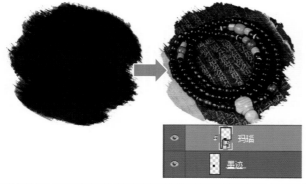

Step 08 将饰品图像加载到选区，创建色阶调整图层，在打开的"属性"面板中设置RGB选项下的色阶值分别为0、1.42、210，对饰品图像的明暗进行调整，在图像窗口中可以看到编辑的效果。

Step 09 参考前面的编辑方法，使用"横排文字工具"输入所需的文字，接着绘制出另外一个水墨，利用剪切蒙版对饰品的显示进行控制，并使用"色阶"调整图层对其亮度和层次进行调整，在图像窗口中可以看到编辑的效果。

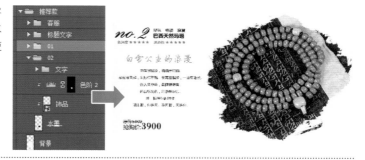

6.1.6 补充内容完善首页信息表现

在首页画面的底部，添加与发货、售后、服务等相关的信息，这些信息可以增加顾客的信任感。参考前面的曲线引导设计，这里我们将信息设计为倾斜的效果，给予画面一定的动感，其具体的制作方法如下。

Step 01 使用"矩形工具"绘制出所需的矩形，填充上适当的颜色，作为首页补充信息的底色，接着使用"画笔工具"绘制出矩形下方的阴影，在图像窗口中可以看到编辑的效果。

Step 02 选择工具箱中的"横排文字工具"，在适当的位置单击，输入所需的文字，打开"字符"面板对文字的属性进行设置，并适当调整文字的角度，在图像窗口中可以看到编辑的效果。

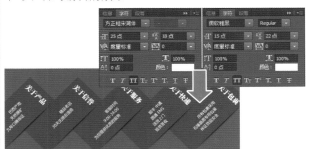

Step 03 使用"椭圆工具"绘制圆形，接着使用"钢笔工具"绘制心形和箭头，再使用"横排文字工具"添加所需的文字，打开"字符"面板设置文字的属性，在图像窗口中可以看到编辑的效果。

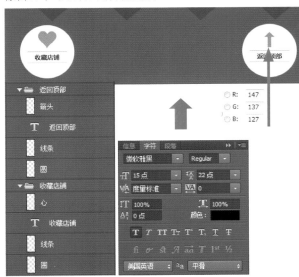

Step 04 使用"钢笔工具"绘制"保障"的字样，接着使用"横排文字工具"添加所需的文字，打开"字符"面板设置文字的属性，在图像窗口中可以看到编辑的效果，完成本案例的制作。

6.2 女装店铺首页装修设计

本案例是为女式服装设计的网店首页，画面色调呈怀旧色，流露出一股复古的时尚韵味。此外，主要用矩形的元素来进行棋盘式布局，将众多的图像集合为视觉上的一个整体，具有很强的统一感。

●技术制作要点

- 利用"柔边圆"的"画笔工具"对图层蒙版进行编辑，制作出欢迎模块中的图像。
- 使用"横排文字工具"输入所需的文字，变化字体来增强文字的设计感。
- 通过"图层混合模式"的使用，将模特照片与背景融合在一起。
- 利用"剪贴蒙版"功能对模特照片的显示进行修饰，使其边缘呈现出规则的矩形效果。
- 使用"矩形工具"绘制出画面中所需的矩形，并在该工具的选项栏中对绘制的矩形的颜色进行设置。

实例文件	素　材：随书资源包\素材\06\12、13、14、15、16.jpg
	源文件：随书资源包\源文件\06\女装店铺首页装修设计.psd

● 配色分析

观察本案例中的五张模特素材照片，可以发现其中大部分的色彩为怀旧的复古色，并且模特的服装颜色纯度较低，偏向于中性色，因此我们选择其中最具代表性的一张来对其进行配色分析，将照片中所包含的颜色提取出来。

利用照片中提取的颜色对首页中的元素进行颜色搭配，主色调仍然为怀旧色，为了突显两组不同的服装，分别添加了橡皮红和尼罗蓝来进行点缀，因为这两种颜色的明度适中、纯度不高，与整个画面的搭配起来比较和谐，具体如下图所示。

案例设计中的素材大部分的色调为怀旧色彩，呈现出一股复古的韵味

选定一张进行配色分析

首页装修配色分析

● 布局分析

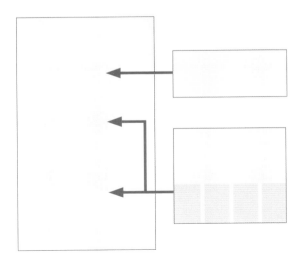

在本案例的布局中，所有组成元素的外观基本都是矩形，这样的设计会让画面的整齐感增强，变得非常的规整。同时在布局设计中通过多种不同面积、数量的矩形的编排，使其呈现出多样化的视觉效果，类似于棋盘式的布局，具体如左图所示。不同区域采用不同的布局，消除了画面沉闷、呆板的弊端，表现出一种稳定感。

案例中的布局在一个区域中放置了多张模特的照片，把女装的信息一次性地呈现在顾客眼前，将众多的图像集中在一个整体上，从而形成一种统一感，并且将视觉的重力感分散开。通过大图与小图的合理搭配，让布局符合力学的原理，表现出强烈的视觉空间感和重量感，对女装的主次表现有非常重要的推动作用。

6.2.1 文字和图形组成简约店招和导航

为了让画面呈现出复古的色调，在画面的背景中使用了偏黄的单色来对背景进行填充，通过单一颜色的形状和文字的添加，让店招和导航的内容显得简约而大气，其具体的制作如下。

Step01 新建一个文档，将文件的背景色填充上R252、G244、B230的颜色，接着使用"矩形工具"在画面的顶端绘制矩形，填充上R255、G242、B221的颜色，在图像窗口中可以看到编辑的效果。

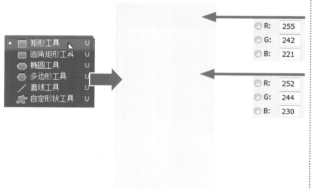

Step02 使用"矩形工具"绘制出导航的背景，填充上R97、B62、B8的颜色，接着使用"横排文字工具"在适当位置单击，为导航条添加上所需的文字，打开"字符"面板对文字的属性进行设置。

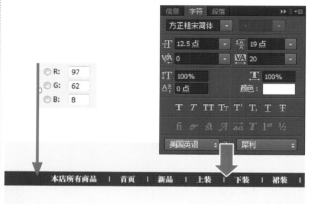

Step03 使用"横排文字工具"在画面的顶部输入文字，制作出店招，打开"字符"面板对两组文字的字体、大小和颜色等进行设置，在图像窗口中可以看到编辑后的效果。

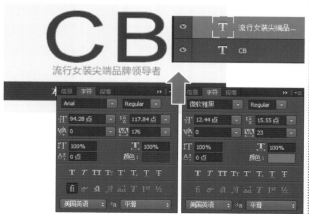

Step04 选择"自定形状工具"，在其选项栏中选择"花1"形状，绘制出花朵的形状，放在文字上，并设置"不透明度"选项的参数为70%，完成LOGO的制作，在图像窗口中可以看到编辑的结果。

Step 05 使用"横排文字工具"在适当的位置添加上所需的文字,接着打开"字符"面板对文字的字体、颜色和字号等进行设置,把文字放在导航条右上方,接着对前面绘制的花朵形状进行复制,适当调整其大小和图层顺序,设置其"不透明度"选项的参数为**30%**,在图像窗口中可以看到编辑后的效果。

Step 06 使用"圆角矩形工具"绘制出搜索栏的大致外形,接着用"自定形状工具"绘制出放大镜的形状,再使用"横排文字工具"为搜索栏添加上所需的文字,制作出搜索栏,在图像窗口中可以看到编辑的效果。

6.2.2 图层蒙版制作溶图

利用简单的文字和图片组合的方式完成欢迎模块的设计,通过"图层蒙版"来让模特图片与欢迎模块的背景自然地合成在一起,其具体的制作步骤如下。

Step 01 选择工具箱中的"矩形工具",在适当的位置单击并拖曳,绘制一个矩形,设置其填充色为R217、G198、B173,将其作为欢迎模块的背景,在图像窗口中可以看到编辑的效果。

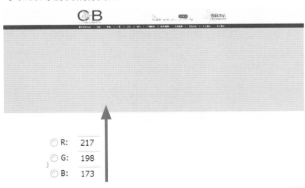

Step 02 将所需的模特素材添加到图像窗口中,适当调整其大小和位置,为该图层添加图层蒙版,使用"画笔工具"对蒙版进行编辑,将照片与背景合成在一起,在图像窗口中可以看到编辑的效果。

Step 03 将欢迎模块的背景矩形添加到选区中，为选区创建色阶调整图层，在打开的"属性"面板中设置RGB选项下的色阶值分别为0、1.00、247，对欢迎模块中的图像进行亮度的调整。

Step 04 选择"横排文字工具"，在欢迎模块的左侧单击，输入所需的文字，接着打开"字符"面板对文字的属性进行设置，丰富欢迎模块中的信息，在图像窗口中可以看到编辑后的结果。

Step 05 将文字拖曳到创建的图层组中，为图层组应用"投影"图层样式，在相应的选项卡中对选项进行设置，完成欢迎模块的制作，在图像窗口中可以看到编辑后的效果。

6.2.3 简易色块组成的分类栏

本案例中的布局基本为矩形，在分类栏中，先对多个矩形进行设计，接着将矩形拼接在一起，使其形成完整的分类区域效果，利用色彩和内容上的对比来协调画面，其具体的制作步骤如下。

Step 01 绘制一个矩形，将模特图片添加到文件中，适当调整其大小，通过创建剪贴蒙版的方式对照片的显示进行控制，接着创建色阶调整图层，设置RGB选项下的色阶值分别为0、1.15、234，对模特照片的亮度进行调整，在图像窗口中可以看到编辑后的效果。

Step02 使用"钢笔工具"绘制聊天气泡,接着输入所需的文字,并使用"投影"样式对文字进行修饰,将文字放在模特图片的周围。

Step03 使用"矩形工具"绘制另外一个矩形,使用"横排文字工具"在适当的位置添加文字,制作出分类栏中的另外一个组成内容。

Step04 参考前面的制作方法,制作出分类栏中的其余组成内容,对绘制的对象进行拼接,完善每个方框中的信息,在图像窗口中可以看到编辑后的结果。

6.2.4 制作简约风格的女装展示

女装展示区域主要分为小海报和单品展示两个部分,这两个部分使用了不同的色彩进行区分,让顾客产生不同的感受,通过相似的元素和不同的色彩来呈现网店中的商品内容,其具体的制作步骤如下。

Step01 选择工具箱中的"横排文字工具",在分类栏的下方位置单击,输入所需的内容,接着打开"字符"面板对文字的属性进行设置,再通过"矩形工具"绘制出矩形对文字进行修饰,在图像窗口中可以看到编辑的效果。

Step 02 再次使用选择工具箱中的"横排文字工具"，输入所需的段落文字，接着打开"字符"面板对文字的属性进行设置，并适当调整段落文字的对齐方式，再通过"矩形工具"绘制出矩形条对文字进行修饰，在图像窗口中可以看到编辑的效果。

Step 03 使用"矩形工具"绘制出所需的矩形，接着通过"横排文字工具"在适当的位置添加不同的信息文字，调整文字的大小和位置，制作出首页所需的标题栏。

Step 04 使用"矩形工具"绘制出矩形，填充上R247、G235、B223的颜色，接着为文件添加模特照片，使用"渐变工具"对其蒙版进行编辑，让模特照片与矩形自然地合成在一起。

Step 05 参考**Step04**中的编辑方法，再次将模特图片添加到文件中，使两个模特形成一种镜像的效果，并适当调整照片的大小，利用图层蒙版对照片的显示进行控制，在图像窗口中可以看到编辑的效果。

专家提点

双击图层蒙版的"蒙版缩览图"，可以打开"蒙版"面板，在其中可以对蒙版边缘的羽化和不透明度等属性进行设置。

Step 06 使用"横排文字工具"和"矩形工具"为画面添加文字和修饰的形状，调整各组文字的属性，并使用"投影"样式对部分文字进行修饰，在图像窗口中可以看到编辑后的效果。

Step 07 将模特图片添加到文件中，通过创建剪贴蒙版对其显示进行控制，接着绘制出矩形，在矩形内添加文字，适当调整文字的属性，将编辑后的图层拖曳到创建的图层组中。

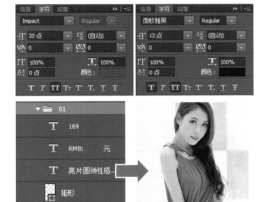

Step 08 对绘制完成的商品展示图片组进行复制，选择"移动工具"将这些图层组选中，利用选项栏中的对齐和分布功能对这些图片的位置进行调整，在图像窗口中可以看到编辑的效果。

Step 09 将蓝色模特图像添加到选区中，创建色阶调整图层，在打开的"属性"面板中设置RGB选项下的色阶值分别为0、1.00、232，对模特图片的亮度进行调整。

Step 10 将蓝色模特图像添加到选区中，创建色相/饱和度调整图层，在打开的"属性"面板中设置"青色"选项下的"色相"为+180，"饱和度"为－59，"明度"选项为+29。

Step 11 参考前面的绘制方法，将另外的模特照片添加到文件中，参照前面的布局对画面进行制作，完成标题文字、标题栏和商品陈列画面，在图像窗口中可以看到编辑的效果，完成商品展示区的制作。

6.2.5 利用客服区提升首页服务品质

客服区是网店首页中必不可少的一部分，在这里我们使用文字和旺旺头像组合的方式，制作出简约的客服区效果，未经修饰的设计元素让主要的信息表现得更加突出，其具体的制作如下。

Step 01 使用"矩形工具"绘制出两个大小不一的矩形，作为客服区的背景，分别为其填充上白色和R224、G204、B180的颜色，适当调整两个矩形的位置，放在画面的底部。

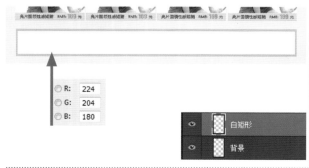

Step 02 将旺旺头像的素材添加到文件中，适当调整其大小，放在合适的位置，接着输入客服的名字，打开"字符"面板设置文字的属性，使用图层组对编辑的图层进行归类和整理。

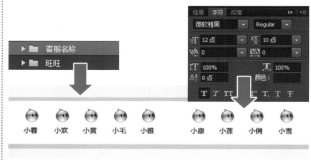

Step 03 选择工具箱中的"横排文字工具"在客服区适当的位置单击，添加所需的文字，并绘制出所需的虚线，对文字进行修饰，在图像窗口中可以看到编辑的效果。

Step 04 使用"矩形工具"绘制出所需的矩形，用"钢笔工具"绘制出箭头的形状，接着利用"横排文字工具"在适当的位置添加文字，在图像窗口中可以看到编辑后的效果。

Step 05 对前面绘制的LOGO图层组进行复制，将其放在绘制的矩形条上，适当调整LOGO的大小，为其应用白色的"颜色叠加"样式，在图像窗口中可以看到编辑后的效果。

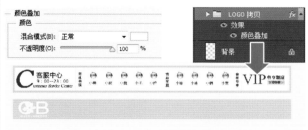

Step 06 选择工具箱中的"横排文字工具"，在画面末端的矩形右侧添加所需的文字，打开"字符"面板对文字的属性进行设置，接着使用"钢笔工具"绘制出三角形的形状，设置所需的填充色，放在适当的位置，在图像窗口中可以看到编辑后的效果。

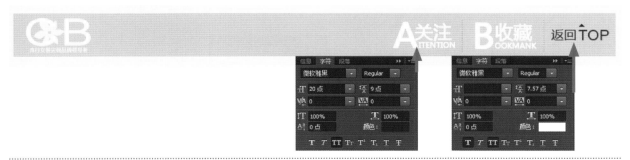

专家提点

在图像窗口中输入文字之后，如果想要对文本图层中的个别文字进行单独的处理，可以使用"文字工具"将部分文字选中，然后在"字符"面板中调整选中文字的属性。

6.2.6　调色和锐化整个页面

如果对页面中的色彩不满意，可以通过最后的整体调色来进行修饰，这里我们使用了"色彩平衡"来对画面中的不同明暗区域的色调进行微调，并利用"USM锐化"滤镜让画面中的细节变得清晰，其具体的制作如下。

Step 01　单击"调整"面板中的"色彩平衡"按钮，创建色彩平衡调整图层，在打开的"属性"面板中设置"中间调"选项下的色阶值分别为+18、+14、+36，"阴影"选项下的色阶值分别为−8、−4、+10，"高光"选项下的色阶值分别为+3、+5、0，对画面整体的色调进行细微的调整。

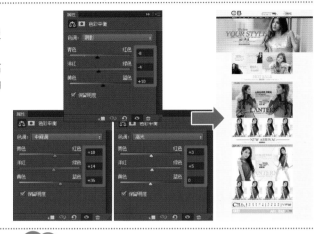

Step 02　按下Shift+Ctrl+Alt+E快捷键，盖印可见图层，将盖印后的图层转换为智能对象图层，执行"滤镜＞锐化＞USM锐化"菜单命令，在打开的对话框中设置"数量"为70%，"半径"为0.5像素，"阈值"为0色阶，完成设置后单击"确定"关闭对话框，在图像窗口中可以看到画面的细节变得更加清晰。

专家提点

　　按Ctrl+Alt+E快捷键，将盖印多个选定图层或链接的图层，此时，Photoshop将创建一个包含合并内容的新图层；按下Shift+Ctrl+Alt+E快捷键，盖印可见图层，Photoshop将创建包含合并内容的新图层；执行"图层>拼合图像"或从"图层"面板菜单中选中"拼合图像"命令，可以将所有的图层拼合到一个图层中，以压缩文件的大小。

6.3 相机店铺首页装修设计

本案例是为数码相机店铺制作的网店首页，设计中用线条作为指引，并通过蓝色来表现出冰冷、机械之感。

●技术制作要点

● 用"钢笔工具"在相机的边缘创建路径，将创建的路径转换为选区，利用选区创建图层蒙版，由此来抠取相机。

● 使用"画笔工具"来绘制出欢迎模块的背景，通过"柔边圆"画笔使其呈现出溶图的效果。

● 利用"渐变叠加""投影""描边"等图层样式对画面中的文字、图形等进行修饰，使其效果更加的绚丽。

● 使用"椭圆工具""矩形工具"等绘图工具绘制出页面中所需的图形。

● 通过"横排文字工具"在画面中添加所需的文字，并利用"字符"面板对文字的颜色、字体、字号和字间距的属性进行设置。

实例文件	素　材：随书资源包\素材\06\17、18.jpg 源文件：随书资源包\源文件\06\相机店铺 首页装修设计.psd

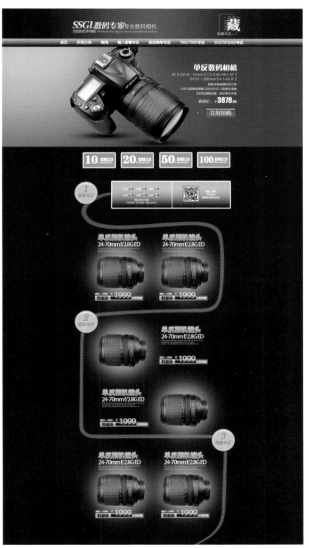

●配色分析

　　蓝色在设计中是现代科学的象征色，它给人以冷静、沉思、理性、智慧的感觉，本案例是为数码商品店铺设计的网店首页，画面的主色调确定为蓝色，可以让色彩与商品所要传递的特质相符，通过对蓝色这种色相的明度和纯度进行微调，扩展其配色，让色彩的表现力更加丰富，如下图所示。

　　由于蓝色是一种冷色调，与之相对应的就是橘色、黄色和红色等代表暖色的色彩，如右图所示，在首页的重要信息部分，我们选用了"对比色搭配"的方式来进行设计，在视觉上形成对比，让画面色彩更显活泼。

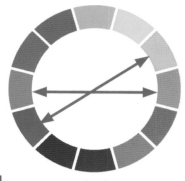

对比色

画面主色调　　　　　　　画面辅助色配色

●布局分析

　　通过错落的方式对画面进行布局，可以在画面中形成自然的曲线。本案例中为了让商品之间产生自然的分组效果，绘制出了一条蜿蜒的曲线来对画面进行分割，将商品放在曲线的弯曲位置，使得商品的分类独具创意，如下图所示。这样的设计让画面显得干净利落，同时表现出一定的自由感，与相机包罗万象的特质一致。

●利用光影增强层次

　　光影是指画面中光线的方向和投影，在网店装修中，由于商品是从素材照片中抠取出来的，其光影的表现并不完整。因此，后期设计中，为了让画面呈现出完整的层次和视觉，可以通过调整背景色、添加投影等方式来人工定义商品的光影效果，让商品的立体感和真实感增强，有助于提升商品的形象。

　　如下图所示为本案例中通过斜45°光、背景光等编辑方式对商品进行修饰的制作效果，可以看到通过光影的修饰，使得原本扁平的商品表现出真实的立体感。

6.3.1 绘制蓝色调的店招和导航

本案例以蓝色为主要色调对首页进行配色，在网店首页的背景使用了暗蓝色进行填充，并通过简单的文字制作出店招和导航，利用图层样式对文字和导航条的背景进行修饰，使其效果更加精致，其具体的制作步骤如下。

Step 01 新建一个文档，将文件的背景填充上R1、G12、B55的颜色，接着选择"画笔工具"，在其选项栏中进行设置，调整前景色为R1、G212、B255，在画面的顶部进行绘制。

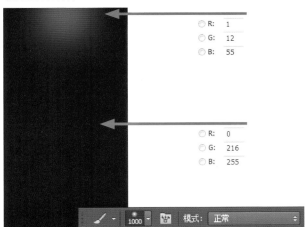

Step 02 使用"矩形选框工具"在画面的顶部创建矩形的选区，接着在"图层"面板中单击"添加图层蒙版"按钮，为图层添加图层蒙版，对其显示进行控制，在图像窗口中可以看到编辑后的效果。

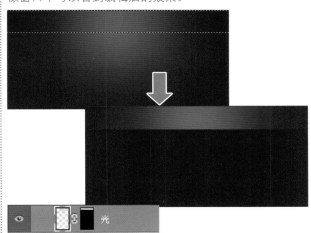

Step 03 选择工具箱中的"横排文字工具"，在适当的位置单击，输入所需的内容，打开"字符"面板对文字的字体、字号和字间距等进行设置，在图像窗口中可以看到编辑后的效果。

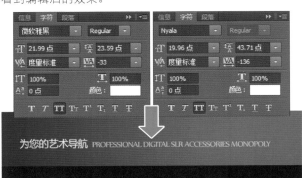

Step 04 输入店名，接着双击文本图层，在打开的"图层样式"对话框中勾选"投影"和"渐变叠加"复选框，并对相应的选项卡中的参数进行设置，在图像窗口中可以看到编辑后的效果。

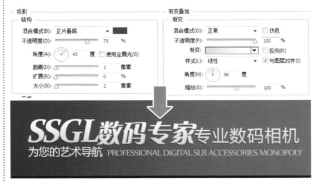

Step 05 选择工具箱中的"横排文字工具"，在适当的位置单击，输入所需的内容，打开"字符"面板对文字的字体、字号和字间距等进行设置，再用"矩形工具"绘制出所需的线框。

Step 06 选择工具箱中的"矩形工具"在适当的位置绘制一个矩形，作为导航条的背景，接着双击该图层，在打开的"图层样式"对话框中勾选"渐变叠加"复选框，并对相应的选项进行设置。

Step 07 选择工具箱中的"横排文字工具"，在适当的位置单击，输入导航条中所需的文字，打开"字符"面板对文字的字体、字号和字间距等进行设置，在图像窗口中可以看到编辑后的导航和店招效果。

6.3.2 抠取相机打造精致的欢迎模块

相机素材的背景是白色的，为了使其融入欢迎模块的背景中，我们需要将其抠取出来，这部分将通过抠取相机、添加文字和按钮的方式打造出精致的欢迎模块，具体的制作方法如下。

Step 01 选择工具箱中的"矩形选框工具"，在适当的位置创建矩形选区，接着为其填充颜色，选择"画笔工具"，在矩形的左上角位置绘制，制作出渐变的效果。

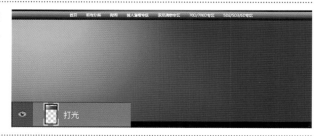

Step 02　将相机素材添加到图像窗口中，适当调整图像的大小，使用"钢笔工具"沿着其边缘创建路径，接着通过"路径"面板将其转换为选区，以选区为标准添加图层蒙版，把相机抠选出来。

Step 03　创建色阶调整图层，在打开的"属性"面板中设置RGB选项下的色阶值分别为0、0.30、255，接着将其蒙版填充上黑色，使用白色的"画笔工具"对蒙版进行编辑，将相机周围变暗。

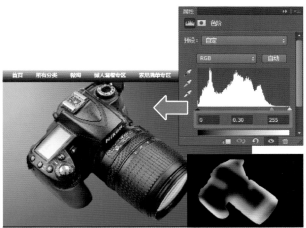

Step 04　将除了相机和色阶调整图层之外的图层隐藏，盖印可见图层，将该图层转换为智能对象图层，执行"滤镜＞锐化＞USM锐化"菜单命令，在打开的对话框中设置参数，对相机细节进行锐化处理。

Step 05　将隐藏的图层显示出来，选择工具箱中的"横排文字工具"，在适当的位置单击，输入所需的内容，在"字符"面板中对文字的字体、字号和字间距等进行设置，在图像窗口中可以看到编辑后的效果。

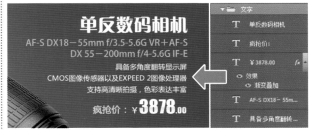

Step 06　选择"圆角矩形工具"绘制出按钮的形状，为其应用"斜面和浮雕""内阴影""内发光""光泽"和"颜色叠加"样式，接着在按钮上添加文字，使用"投影"样式来修饰文字，完成欢迎模块的制作。

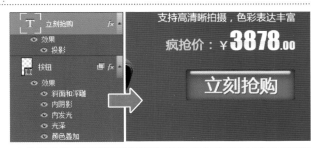

6.3.3 添加优惠券和客服

为了让首页中的信息更加吸引顾客，在欢迎模块的下方，添加了领取优惠券和客服区域，通过形状工具、文字工具和图层样式的编辑，让这部分的内容与整个画面匹配，其具体的制作步骤如下。

Step 01 使用"矩形工具"绘制一个矩形，填充上 R238、G97、B5的颜色，接着通过"描边"样式对其进行修饰，再绘制一个白色的矩形，放在适当的位置，在图像窗口中可以看到编辑的效果。

Step 02 选择工具箱中的"横排文字工具"，在适当的位置单击，输入所需的内容，打开"字符"面板对文字的字体、字号和字间距等进行设置，在图像窗口中可以看到编辑后的效果。

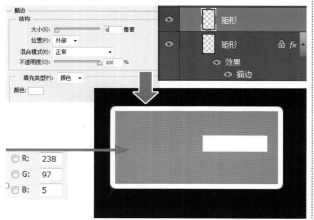

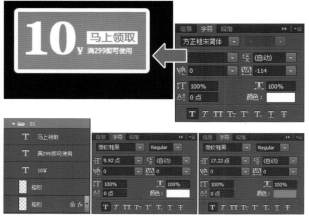

Step 03 对绘制完成的一组领取优惠券的图层组进行复制，适当调整每组信息之间的位置，使用"横排文字工具"在文字上单击，更改文本的内容，在图像窗口中可以看到编辑的效果。

Step 04 使用"矩形工具"绘制一个矩形，使用"描边"和"渐变叠加"对其进行修饰，接着在矩形的上方添加旺旺的头像、二维码和相关文字，完成客服区域的制作，在图像窗口中可以看到编辑的效果。

6.3.4　制作用线条引导视线的商品区

　　本案例使用了具有引导作用的曲线来对画面中的商品进行归类，这个小节我们将绘制线条、抠取相机的镜头、添加文字等，并对首页下面部分信息进行编辑，其具体的操作如下。

Step 01　使用"画笔工具"在适当的位置绘制出所需的曲线，接着以这条曲线为基准创建路径文字，输入破折号制作出虚线的效果，将制作后的效果合并起来，命名为"线条"。

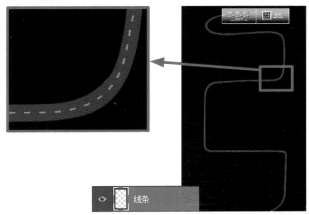

Step 02　使用"椭圆工具"绘制两个圆形，调整圆形的大小，使用"斜面和浮雕""颜色叠加""描边""内阴影"和"投影"样式对绘制的圆形进行修饰，将其作为标志的背景。

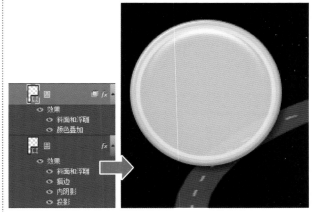

Step 03　选择工具箱中的"横排文字工具"，在圆形标志的适当位置上单击，输入所需的内容，打开"字符"面板对文字的字体、字号和字间距等进行设置，在图像窗口中可以看到编辑后的效果。

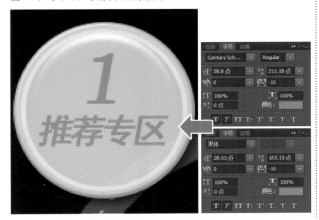

Step 04　对前面绘制的标志进行两次复制，适当调整每组标志的位置，使用"横排文字工具"在文字上单击，更改文本的内容，在图像窗口中可以看到标志编辑后的效果。

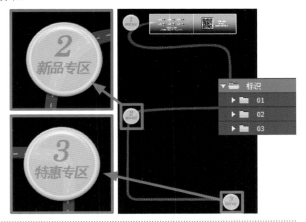

Step 05 使用"画笔工具"在适当的位置绘制出背景光的效果，接着将镜头的图片添加到图像窗口中，通过"钢笔工具"和"路径"面板将镜头抠取出来，放在背景光的上方位置。

Step 06 创建亮度/对比度调整图层，设置"亮度"为−128、"对比度"为48，对该图层的蒙版进行编辑，将镜头的四周变暗。

Step 07 使用"矩形工具"绘制出所需的矩形，放在镜头的下方位置，使用"内发光"和"渐变叠加"图层样式对矩形进行修饰，让矩形的外观更具设计感，在图像窗口中可以看到编辑的效果。

Step 08 使用"横排文字工具"在相机镜头的四周添加上所需的文字，分别设置文字的属性，并为部分文字添加图层样式进行修饰。

Step 09 参考前面编辑相机镜头、绘制矩形和添加文字的操作方法，在首页的其他位置制作出所需的商品展示，在图像窗口中可以看到编辑后的效果，完成本案例的制作。

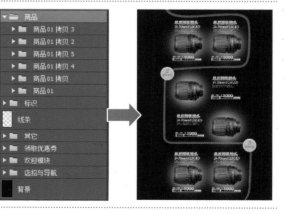

Chapter 07

单品形象

07

—— 宝贝详情页面装修

宝贝详情页面就是顾客进入单个商品时所呈现出来的页面，这个页面中会包含与该商品相关的所有的详细信息。宝贝详情页面装修得成功与否，将直接影响到该商品的销售。通常情况下，在宝贝详情页面中需要设计橱窗照、宝贝详情信息、售后信息和侧边栏等，将这些内容组合在一起，就塑造出了一件商品较为全面的形象。因此设计宝贝详情页面是网店装修中最为重要的工作之一，接下来本章将通过设计裙装、女包和金饰的详情页面，来为读者讲解其设计的技巧和方法。

本章重点

- 单品
- 详情
- 裙装
- 女包
- 金饰

7.1 裙装详情页面设计

本案例是为时尚女装设计的详情页面，该页面中通过整体展示、尺寸说明、细节展示和售后服务内容来介绍裙装的特点和销售信息，体现其专业、品质的一面。

●技术制作要点

- 通过"自定形状工具""椭圆工具""矩形工具"绘制出标题栏中所需的形状，将其合理地组合在一起，制作出线性化简约风格的标题栏。
- 使用"色阶""色相/饱和度"等调整图层对裙装照片的影调和色调进行调整，使照片与宝贝真实的色彩吻合。
- 使用"横排文字工具"为画面添加上所需的文本信息，并通过"字符"面板对文本属性进行设置。
- 利用"剪贴蒙版"功能将裙装的局部展示出来，并使用"描边"图层样式对细节图像的边缘进行修饰。
- 通过"图层蒙版"来显示照片中局部的植物，制作出橱窗照中的背景，利用"磁性套索工具"将模特抠选出来，合成完整的橱窗照。

实例文件	素　　材：随书资源包\素材\07\01、02、03.jpg
	源文件：随书资源包\源文件\07\裙装详情页面设计.psd

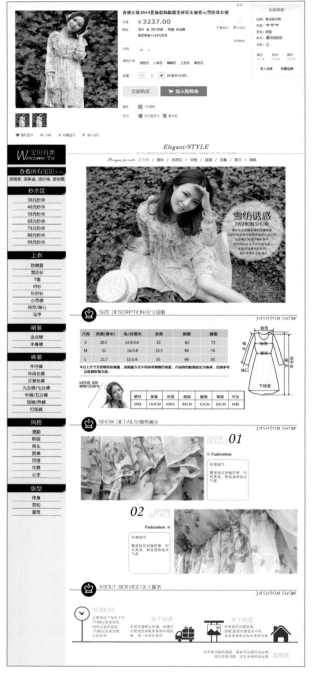

● 配色分析

本案例的配色要从两个方面进行分析：一方面是从画面的设计元素配色进行分析，另一方面要从裙装照片进行分析。在本案例配色的过程中，将设计元素的配色定义为灰度色彩，也就是使用黑、白、灰色来进行创作，因为黑色和灰色可以提高画面的品质感与档次，呈现出高端的视觉效果，而裙装的照片色彩较为清新，将清新的裙装色彩与灰度的设计元素色彩进行对比，能够形成强烈的反差，让裙装的形象更加突出，有助于商品的表现，使整个页面主次分明。

画面设计元素配色

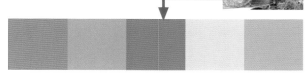

商品照片配色分析

● 线性风格的标题栏设计

本案例的标题栏主要使用窄小的线条进行表现，将详情页面的信息进行合理的分割，在线条的两端分别添加皇冠图形和文字，由此丰富标题栏的内容，使其更具设计感和美感。

● 详尽的尺寸说明设计

使用详尽的尺寸说明指示出裙装各个部位的大小，让顾客能够更加直观地感受到商品的形象，并添加模特的尺寸，给顾客以参考，进一步让顾客理解和认识商品的外形。

● 可视化的售后服务设计

在宝贝详情页面的最下面，添加了该裙装的售后服务信息，从"发货时间""关于快递""关于色差"和"退换货"方面进行分析与阐述，提升顾客对店铺的信任感，让顾客能够放心地购物。

售后服务的设计中，使用了可视化的流程式进行设计，将具体的图像与文字结合起来，以时间轴的方式表现出服务的顺序和内容，让顾客直观地感受到商家服务的力度和诚意。

7.1.1 设计标题栏确定页面风格

本案例的标题栏主要包含了文字、修饰线条和皇冠图形，在制作中通过使用"横排文字工具""椭圆工具""矩形工具"和"自定形状工具"来完成创作，由此来确定整个页面的设计风格，其具体的操作如下。

Step 01 启动**Photoshop**应用程序，新建一个文档，选择工具箱中的"横排文字工具"，输入所需的文字，在"字符"面板中分别为输入的每组文字设置不同的属性，并将其组合在一起。

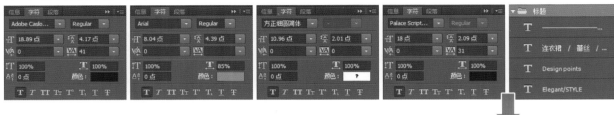

Step 02 分别选中工具箱中的"椭圆工具"和"矩形工具"，设置填充色为黑色，绘制出圆形和矩形条，将其放在一起，作为标题栏的基本形状，在图像窗口中可以看到编辑后的效果。

Step 03 选择工具箱中的"横排文字工具"，在适当的位置单击，输入所需的文字，打开"字符"面板对文字的颜色、字体、字号等属性进行设置，并放在线条上下方适当的位置。

Step 04 选择工具箱中的"自定形状工具"，在工具选项栏中选择"皇冠3"的形状，绘制出白色的皇冠，适当调整其大小，放在黑色的圆形内，在图像窗口中可以看到编辑的效果。

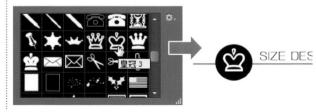

7.1.2 制作详尽的裙装展示页面

在裙装的详情页面中，主要包含了四个方面的内容，即整体展示、尺寸说明、细节展示和售后服务，它们分别使用标题栏来进行分割布局，通过统一的配色和设计元素来完成制作，其具体的制作方法如下。

Step 01 将所需的模特照片添加到图像窗口中，接着调整其大小，放到适当的位置，使用"矩形选框工具"创建出矩形的选区，以选区为标准添加图层蒙版，在图像窗口中可以看到编辑的效果。

Step 02 将图像添加到选区，接着创建色阶调整图层，在打开的"属性"面板中设置参数，调整RGB选项下的色阶值分别为5、1.31、255，提高画面的亮度和层次，在图像窗口中可以看到编辑后的效果。

Step 03 再次将图像添加到选区，创建色相/饱和度调整图层，设置"红色"选项下的"饱和度"参数为+13，"青色"选项下的"饱和度"参数为+38，对画面中的特定色彩进行调整。

Step 04 绘制出一个圆形，填充上白色，使用"描边"图层样式对其进行修饰，在打开的"图层样式"对话框中设置参数，最后在"图层"面板中设置该图层的"填充"选项为70%。

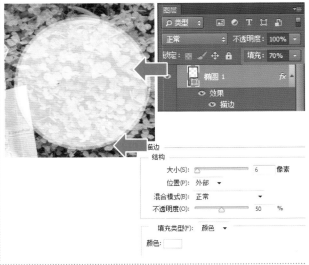

Step 05 选择工具箱中的"横排文字工具"，输入所需的文字，在"字符"面板中分别为输入的每组文字设置不同的属性，适当调整文字的大小，并将其组合在一起，放入圆形中，在图像窗口中可以看到编辑后的效果。

Step 06 选择工具箱中的"矩形工具"，绘制出色彩不一的矩形，分别填充上适当的颜色，将其组合成表格的样式，最后将编辑的图层合并在一起，命名为"背景矩形"，作为宝贝详情参数的背景。

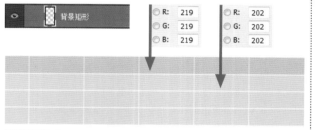

Step 07 选择工具箱中的"横排文字工具"，在表格适当的位置单击，输入所需的参数和信息，调整文字的大小和位置，并为文字设置填充色为黑色，在图像窗口中可以看到编辑的效果。

尺码	肩宽(厘米)	前/后领深	肩宽	胸围	
S	20.3	14.5/3.6	32	82	
M	21	16/3.8	33.5	86	
L	21.7	15.5/4	35	90	80

※以上尺寸为实物实际测量，因测量方式不同会有稍微的误差，尺码旁的数据建议为身高，仅做参考，以收到实物为准。

Step 08 使用工具箱中的"矩形工具"和"钢笔工具"绘制出所需的衣裙的形状，并添加上相应的文字对其不同的部位进行说明，接着为画面添加模特照片，将其抠选出来，最后添加文字和表格信息，丰富画面的内容。

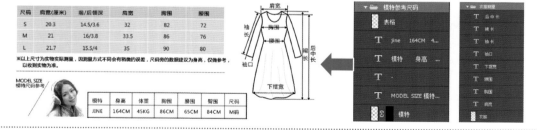

专家提点

在开始进行绘图之前，必须从选项栏中选取绘图模式，绘图模式将决定是在自身图层上创建矢量形状，还是在现有图层上创建工作路径，或是在现有图层上创建栅格化形状。

Step 09 选择工具箱中的"矩形工具"，绘制出所需的矩形，分别填充上适当的颜色，接着为其中一个矩形添加"描边"样式，并在相应的选项卡中对各项参数进行设置，在图像窗口中可以看到编辑后的结果。

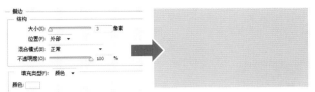

Step 10 将模特图像添加到图像窗口中，接着通过创建剪贴蒙版的方式对其显示进行控制，并为其创建色阶调整图层，在"属性"面板中设置RGB选项下的色阶值分别为18、1.16、211，提高图像的层次。

Step 11 选择工具箱中的"横排文字工具"，输入所需的文字，并按照一定的顺序进行排列，接着使用"圆角矩形工具"和"自定形状工具"添加所需的形状，适当调整大小，放在恰当的位置。

Step 12 参考前面的编辑方法，制作出另外一组细节显示，或者可以对前面绘制的细节展示进行复制，通过修改文字、图像和颜色的方式进行编辑，在图像窗口中可以看到第二组细节展示的效果。

Step 13 使用"钢笔工具"绘制出所需的形状，并将其组合在一起，合并到一个图层中，接着使用"横排文字工具"在适当的位置添加所需的文字，调整文字的属性和位置，在图像窗口中可以看到编辑后的效果。

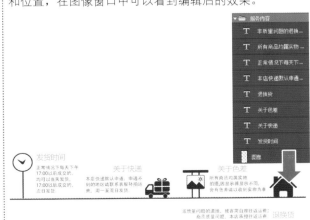

7.1.3　单色简约的侧边分类栏

　　为了让整个画面的风格保持一致，在本案例侧边分类栏的设计中，使用了单色的简约色块，利用线条来对分类栏中的信息进行修饰，具体的制作方法如下。

Step 01　选择工具箱中的"矩形工具"，在宝贝详情介绍的左侧绘制出一个矩形，为其填充上R238、G238、B238的颜色，无描边色，在图像窗口中可以看到编辑后的结果。

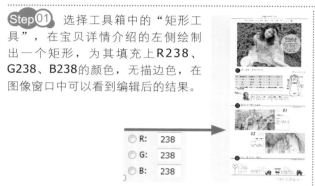

Step 02　使用"矩形工具"绘制一个黑色的矩形，无描边色，通过"横排文字工具"在矩形的上方添加所需的文字，适当调整文字的大小，按照所需的位置进行排列，在图像窗口中可以看到编辑的效果。

Step 03　使用工具箱中的"钢笔工具"绘制出所需的多边形，适当调整形状的位置，使其看起来好像纸片折角的效果，分别为其填充上黑色和R105、G104、B104的颜色，无描边色，在图像窗口中可以看到编辑后的效果。

Step 04　使用"横排文字工具"在适当的位置单击，输入所需的文字，打开"字符"面板在其中设置文字的属性，在图像窗口中可以看到编辑的结果。

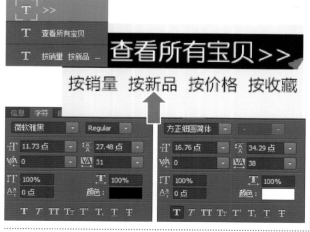

Step 05　参考前面的编辑方法，制作出分类栏中其余分组的信息，以水平居中的排列方式组合在一起，在图像窗口中可以看到编辑的效果，完成侧边分类栏的制作。

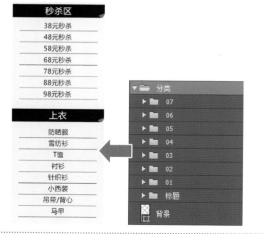

7.1.4 清新自然的裙装橱窗照

在裙装商品的橱窗照的设计中，通过合成的方式将模特的形象与植物的背景组合在一起，再利用"色阶"和"色相/饱和度"调整图层对画面的影调与色调进行修饰，其具体的制作方法如下。

Step 01 将所需的模特图像添加到图像窗口中，适当调整其大小，使用"矩形选框工具"创建出正方形的选区，用绘制的选区来创建图层蒙版，对图像的显示进行控制，只显示出植物部分。

Step 02 将所需的模特素材添加到图像窗口中，适当调整其大小，接着使用"磁性套索工具"沿着人物的边缘创建选区，将人物抠选出来，利用选区添加蒙版将人物与背景合成在一起。

Step 03 将模特图像添加到选区中，接着创建色阶调整图层，在打开的"属性"面板中依次拖曳RGB选项下的色阶值分别到0、1.22、236的位置，提亮人物的影调，在图像窗口可以看到人物变亮了。

Step 04 为人物选区创建色相/饱和度调整图层，在打开的"属性"面板中设置"青色"选项下的"饱和度"选项参数为+50，"红色"选项下的"饱和度"选项参数为+13。

7.2 女包详情页面设计

本案例是为女式箱包设计的宝贝详情页面，页面中以商品颜色作为指导进行创作，通过详尽的商品信息展示来突显女包的质感和特点。

●技术制作要点

● 使用"横排文字工具"和"矩形工具"制作出简约大方的标题栏。

● 使用"钢笔工具"将箱包抠取出来，利用"图层蒙版"对箱包的显示进行控制。

● 通过"色阶""亮度/对比度"和"色相/饱和度"调整图层对箱包的层次、亮度和色调进行调整，使其更具视觉冲击力。

● 利用"颜色加深"图层混合模式将箱包素材叠加到侧边栏中，作为修饰的图像。

● 使用"渐变填充"制作出橱窗照的背景，并通过"渐变工具"完成箱包倒影的制作，让箱包呈现出逼真的立体感。

实例文件	素　材：随书资源包\素材\07\04、05、06.jpg
	源文件：随书资源包\源文件\07\女包详情页面设计.psd

●配色分析

在本案例设计之前，先来对箱包的色彩进行分析，由于箱包中花纹繁杂，所包含的色彩偏多。因此，我们在设计详情页面之前，提取了其中的一种颜色作为主色调进行配色，即橡皮红。因为橡皮红没有粉红色的稚气和洋红的强势，却兼有两者的优点，是一种不可多得的色彩，而以橡皮红为主色调设计的画面，容易给人一种优雅、浪漫的视觉感，是象征浪漫爱情的色彩，也是被许多女性喜欢的色彩，这样的配色更容易被女性顾客所接受。此外，为了保证画面色调的统一，在具体的设计中将橡皮红进行扩展，通过多种不同的明度来进行表现。

画面设计元素配色　　　　　　　　　　　箱包配色分析

●单色色块构成的标题栏

在本案例的标题栏设计中，还是秉承了画面主要的配色，将橡皮红的矩形作为标题栏的背景，直接在矩形条上添加文字来对标题栏的信息进行表现，这种单色色块组成的标题栏能够表现出大气、简约的视觉效果，并能很好地对详情页面中的信息进行分割和布局，避免信息的混淆。

| 产品信息 Product information | 用心做好包 |
| 细节展示 Show details | 用心做好包 |

| 颜色展示 Color Display | 用心做好包 |
| 会员制度 Membership system | 用心做好包 |

●倒影和尺寸标示设计

在箱包的详情说明设计中，使用了渐隐的倒影和具体的尺寸标志来增强箱包的真实感，这样可以让顾客更加直观地感受到箱包的存在，更容易理解箱包的大小和体积，避免由于缺乏具体的标志而对商品产生错误的判断。

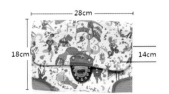

●用色彩增强侧边栏层次

相同的色相、不同明暗程度的色彩，可以把侧边栏的层级关系表现得更加清晰。在本案例的侧边栏设计中，使用浓度较深的橡皮红填充标题，用色彩较淡的矩形作为主要类别的背景，而主要类别的下一级直接用灰色的背景，这样层层递进的色彩表现，能够让分类栏的层级关系更加直观，便于顾客阅读和理解，避免因为色彩使用错误而造成分类栏的信息混乱。

7.2.1 利用广告图展示女包形象

在本案例的宝贝详情页面的顶部，使用了广告图对箱包的形象进行展示，布局简约、配色和谐的画面使箱包给顾客留下美好的印象，其具体的制作方法如下。

Step01 新建一个文档，在工具箱中设前景色为R235、G225、B224的颜色，新建图层，使用"矩形选框工具"创建矩形选区，按下Alt+Delete快捷键，为选区填充上前景色。

Step02 将所需的箱包图像添加到图像窗口中，按下Ctrl+T快捷键，对其角度和大小进行调整，接着使用"磁性套索工具"沿着其边缘创建选区，将箱包抠选出来，通过剪贴蒙版对箱包的显示进行控制。

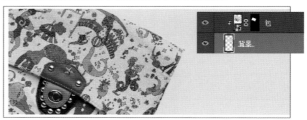

Step03 将箱包添加到选区，为选区创建色阶调整图层，在打开的"属性"面板中依次拖曳RGB选项下的色阶值分别到19、1.68、244的位置，提亮箱包的影调，在图像窗口可以看到箱包变亮了。

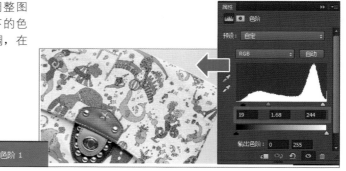

Step04 选择工具箱中的"横排文字工具"，在画面适当的位置单击并输入所需的文字，打开"字符"面板对文字的字体、字号和颜色进行设置，按照右对齐的方式对文字的位置进行调整，在图像窗口中可以看到编辑的效果。

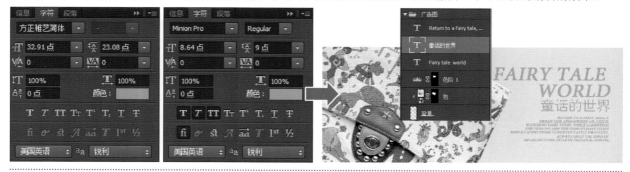

7.2.2 专业全面的女包详情

在本案例的宝贝详情中包含了产品信息、颜色展示、细节展示和会员制度四项内容，分别用单色色块的标题栏隔开，每组信息都以精美的图片和详尽的文字进行介绍，其具体的制作方法如下。

Step 01 使用"矩形工具"绘制一个矩形，填充上R197、G71、B79的颜色，无描边色，接着选择"横排文字工具"在矩形适当的位置添加所需的文字，打开"字符"面板分别对文字的属性进行设置。

产品信息 Product information　　　　　　　　　　　　　　　　　　　　　用心做好包

Step 02 使用"横排文字工具"为画面添加上所需的文字，执行"窗口>字符"菜单命令，打开"字符"面板，在其中设置文字的字体、字号、字间距和颜色，在图像窗口中可以看到编辑的效果。

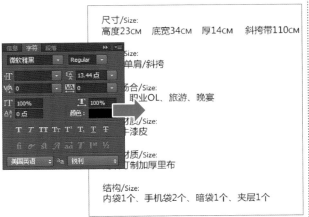

Step 03 选择工具箱中的"矩形工具"，绘制出正方形，设置其填充色为R201、G156、B123，无描边色，接着对正方形进行复制，调整正方形的位置，放在文字的左侧，在图像窗口中可以看到编辑的效果。

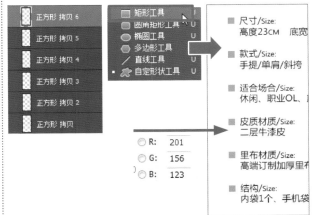

Step 04 将所需的箱包素材添加到图像窗口中，适当调整其大小，使用"图层蒙版"将其抠选出来，接着对箱包进行复制，栅格化图层之后，放在箱包图层的下方，使用"渐变工具"对其添加的图层蒙版进行编辑，制作出箱包的投影。

Step 05 将箱包素材添加到选区，接着为选区创建色阶调整图层，在打开的"属性"面板中依次拖曳RGB选项下的色阶值分别到12、1.17、244的位置，提亮箱包的影调，在图像窗口可以看到箱包变亮了。

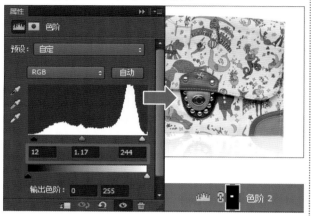

Step 06 选择工具箱中的"矩形工具"，绘制出所需的矩形条，作为箱包尺寸显示的标尺，接着使用"横排文字工具"在适当的位置添加所需的尺寸信息，在图像窗口中可以看到编辑的效果。

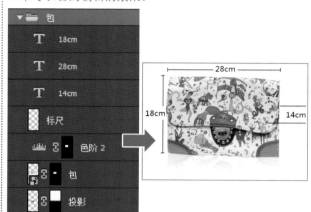

Step 07 对前面制作的标题栏进行复制，在其中更改标题栏中的文字，接着对抠取的箱包进行复制，适当调整箱包的大小，按照一定的位置进行排列，在图像窗口中可以看到编辑的效果。

Step 08 将三个箱包添加到选区中，为选区创建亮度/对比度调整图层，在打开的"属性"面板中设置"亮度"选项的参数为9，"对比度"选项的参数为22，对箱包的亮度和对比度进行调整。

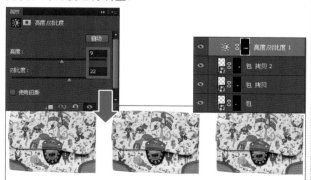

Step 09 使用"色相/饱和度"调整图层对后面两个箱包的颜色进行调整，通过"图层蒙版"对调整的范围进行控制，在图像窗口中可以看到编辑后的结果。

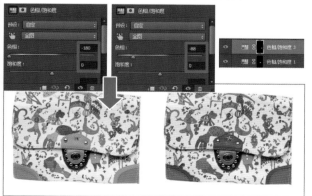

Step 10 将后面两个箱包添加到选区，为选区创建自然饱和度调整图层，在打开的"属性"面板中设置"自然饱和度"选项的参数为−49，降低图像的饱和度，在图像窗口中可以看到编辑后的效果。

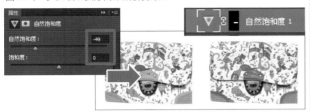

Step 11 对前面编辑的箱包的图层进行复制，将其合并在一起，并进行镜像处理，接着为该图层添加图层蒙版，使用"渐变工具"对图层蒙版进行编辑，制作出箱包的阴影效果。

Step 12 绘制一个矩形，作为箱包细节展示区域的背景，填充上白色，接着将模特素材添加到图像窗口中，使用"图层蒙版"和"剪贴蒙版"对其显示进行控制，最后对前面的箱包进行复制，放在适当的位置。

Step 13 使用"矩形工具"绘制出正方形，分别填充上适当的颜色，使用"描边"样式对正方形进行修饰，并调整其部分正方形的"填充"选项为**10%**。

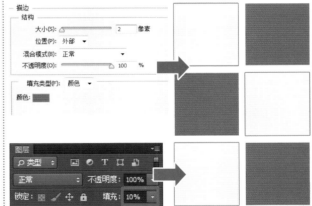

Step 14 将所需的箱包素材添加到图像窗口中，通过创建剪贴蒙版的方式将箱包的细节展示出来，接着使用"横排文字工具"在矩形的中间添加所需的文字，打开"字符"面板对文字的属性进行设置，在图像窗口中可以看到编辑后的效果。

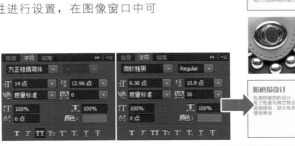

Step 15 选择工具箱中的"横排文字工具"，在适当的位置单击，输入所需的文字，接着打开"字符"面板对文字的属性进行设置，接着双击文字图层，在打开的"图层样式"对话框中勾选"描边"复选框，并对相应的选项进行设置。

Step 16 选中工具箱中的"矩形工具"，绘制出所需的矩形，填充上白色，无描边色，接着为这些矩形添加"描边"图层样式，在相应的选项卡中设置参数，并按照一定的顺序对矩形的位置进行调整。

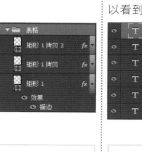

Step 17 选择工具箱中的"横排文字工具"，在矩形上适当的位置单击，添加所需的文字，打开"字符"面板对文字的字体、字号和颜色进行设置，在图像窗口中可以看到编辑后的效果。

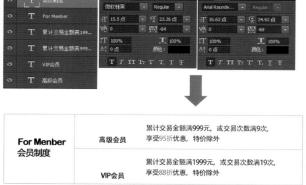

For Menber 会员制度	高级会员	累计交易金额满999元，或交易次数满9次， 享受95折优惠，特价除外
	VIP会员	累计交易金额满1999元，或交易次数满19次， 享受88折优惠，特价除外

Step 18 对前面绘制的标题栏进行复制，更改复制后标题栏的文字内容，作为"会员制度"区域的标题栏，接着选择工具箱中的"自定形状工具"，绘制出所需的皇冠形状，适当调整其形状的大小，填充上黑色，无描边色，放在适当的位置，在图像窗口中可以看到编辑的效果，完成箱包详情页面的绘制。

7.2.3 制作侧边分类栏

　　本案例的侧边栏主要通过颜色的明度来区分层级关系，在具体的制作中会降低绘制图形的"填充"选项，使其色彩变亮，并通过添加箱包素材来对侧边栏的标题进行修饰，其具体的制作方法如下。

Step 01　使用"矩形工具"绘制出所需的矩形，作为侧边栏的背景，分别填充上R197、G71、B79和R238、G238、B238的颜色，无描边色，在图像窗口中可以看到编辑的效果。

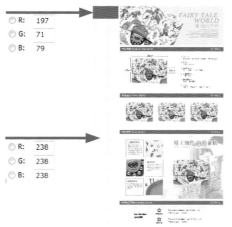

Step 02　使用"矩形工具"绘制出所需的矩形，接着为其填充上适当的颜色，通过"描边"样式对矩形进行修饰，并在"图层"面板中设置"填充"选项的参数为30%，按照一定的位置进行排列。

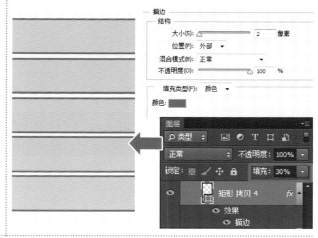

Step 03　选择工具箱中的"横排文字工具"，在适当的位置单击，添加上所需的侧边栏文字信息，接着打开"字符"面板对文字的字体、字号和颜色进行设置，在图像窗口中可以看到编辑后的效果。

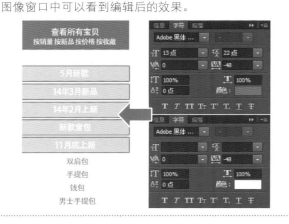

Step 04　将所需的箱包素材添加到图像窗口中，适当调整其大小，接着在"图层"面板中设置该图层的混合模式为"颜色加深"，使其与背景中的色块自然地融合在一起，在图像窗口中可以看到编辑后的结果。

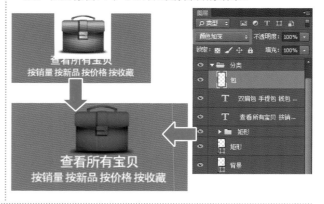

7.2.4 添加收藏区丰富侧边栏

在顾客浏览侧边栏的时候，如果要使顾客对该店铺的商品感兴趣，在侧边栏添加收藏区是最明智的方法。本案例中通过对文字进行艺术化的组合，将收藏区嵌入到侧边栏中，以起到促进店铺推广的作用，其具体的制作如下。

Step 01 选择工具箱中的"矩形工具"，绘制两个矩形，分别填充上R197、G71、B79和白色，无描边色，适当调整矩形的大小，按照所需的位置进行排列，在图像窗口中可以看到编辑后的效果。

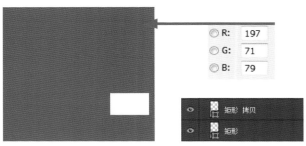

Step 02 使用"横排文字工具"在绘制的矩形上添加所需的文字，完善收藏区的信息，在图像窗口可以看到编辑的效果，完成收藏区的制作。

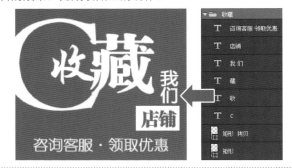

7.2.5 专业简约的女包橱窗照

为了让顾客能够直观地浏览到女式箱包的外观，同时了解到箱包的颜色种类，在设计橱窗照的时候，将主打色彩的箱包放大，在其下方放置其余的箱包颜色，制作出专业简约的女包橱窗照，其具体的制作方法如下。

Step 01 使用"矩形选框工具"创建正方形的选区，接着为选区创建渐变填充调整图层，在打开的"渐变填充"对话框中对各项参数进行设置，在图像窗口中可以看到橱窗照背景的编辑效果。

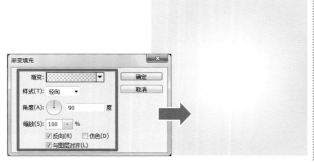

Step 02 对前面抠取的箱包素材进行复制，按下Ctrl+T快捷键，对箱包的大小和位置进行调整，放在渐变色背景的上方，在图像窗口中可以看到编辑的效果。

Step 03 对前面编辑完成三种色彩的箱包展示图像进行复制，按下**Ctrl+T**快捷键，对箱包的大小和位置进行调整，放在大箱包的下方，在图像窗口中可以看到编辑后的效果。

Step 04 将橱窗照中箱包添加到选区，接着为选区创建曲线调整图层，在打开的"属性"面板中对曲线的形态进行调整，在图像窗口中可以看到橱窗照的编辑效果，完成本案例的编辑。

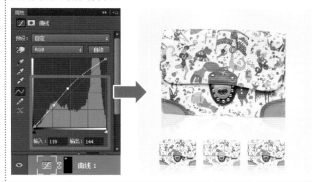

专家提点

在编辑曲线调整图层的过程中，不同的曲线形状会对图像调整的区域产生影响，其中最常用的就是C形曲线和S形曲线。

C形曲线可以对照片整体的明暗进行调整，当曲线的形状呈现出正C形状时，将主要提高画面中间调区域的亮度，同时少量提高暗部区域和亮部区域的亮度，如右图所示为使用C形曲线调整箱包亮度的编辑；当曲线呈现出反C形状时，将主要降低画面中间调区域的亮度，使图像变暗，并少量降低暗部区域和亮部区域的亮度。

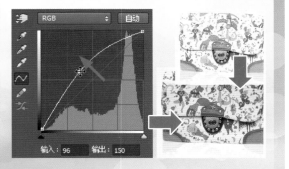

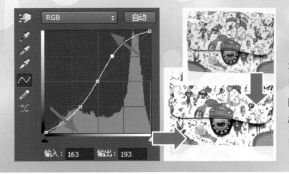

S形曲线可以少量提高照片的中间调，及不特别明亮或特别暗的区域的对比度，它可以将1/4色调区域的图像变得更亮，将3/4色调区域的图像变得更暗，由此让整体画面的对比度增强，让照片的层次增强，如左图所示为使用S形曲线对箱包进行层次调整的编辑。

7.3 金饰详情页面设计

本案例是为金饰设计的宝贝详情界面，鉴于金饰特殊的材质和较小的体积，在制作该页面时要突显金饰的造型、质感等特点，提高商品的档次。

●技术制作要点

- 使用"矩形工具"绘制出矩形条，利用"渐变工具"对图层蒙版进行编辑，制作出两端渐隐效果的线条，完成标题栏的创作。
- 使用"钢笔工具"沿着戒指的边缘创建路径，将路径转换为选区，添加图层蒙版把金饰抠取出来。
- 利用"横排文字工具"为画面添加所需的文字，并在"字符"面板中设置文字的属性。
- 使用"曲线""色阶""亮度/对比度"和"色相/饱和度"调整图层来对金饰的影调和色调进行调整，使其呈现出金光闪闪的效果。
- 通过"USM锐化"滤镜来让金饰的细节更加清晰和精致。

实例文件

素　材：随书资源包\素材\07\07、08、09、10、11、13.jpg，12.psd
源文件：随书资源包\源文件\07\金饰详情页面设计.psd

● 配色分析

案例中的金饰属于暖色调，而与之相搭配的暗红色也属于暖色调，而咖啡色是中性暖色调，这几种颜色搭配在一起，可以让画面表现出浓浓的热情感，呈现出一种高贵、优雅的视觉效果。而由于饰品的金色与暗红色和咖啡色之间存在强烈的反差，使其更加的突显，完整地呈现出一种最辉煌的光泽色，与大自然中太阳的颜色相似，营造出一种温暖与幸福的感觉，表现出照耀人间、光芒四射的魅力。

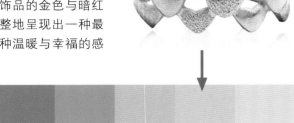

设计元素配色分析　　　　　　　　　商品颜色配色分析

● 简约大气的标题栏

线条是标题栏中常用的一种元素，在本案例中为了突显一种大气、简约的视觉，将标题栏中的线条设计为渐隐渐现的效果，这样的设计使得线条给人以无限扩张的感觉，而标题文字中中文与英文相互对应的搭配，并将其放置在居中位置，使得其信息的表现更突出，有助于顾客第一时间抓住重点信息。

● 详尽的流程式的工艺介绍

为了增强金饰在顾客心中的认可度，在宝贝详情页面的底部，添加了详尽的制作工艺，按照时间的先后顺序，以箭头为指导进行设计，让顾客直观地了解商品的制作流程，便于顾客理解和阅读，有助于提高网店的专业度和品质。

● 内容丰富的侧边栏

为了让顾客感受到网店的服务品质，在设计该案例侧边栏的时候，通过暗色的标题来对每组信息进行分割，在其中添加了金价、客服、收藏和搜索等信息，众多内容丰富的信息能够让顾客第一时间掌握到与商品相关的内容，有助于提高顾客的购买欲，让商品的信息表现更加完整，同时突显画面设计的精致感。

7.3.1 高端大气的金饰详情页面

在详情页面中包括了服务承诺、饰品信息、场景展示、佩戴展示和工艺简介，一共五个方面的内容，都是以标题栏分割开的，在每组信息中都包含了内容丰富的金饰介绍，其具体的制作方法如下。

Step01 新建一个文档，使用"矩形工具"绘制出一个矩形，填充上R245、G245、B245的颜色，无描边色，接着使用"横排文字工具"添加所需的文字，并打开"字符"面板设置文字的属性。

Step02 使用"椭圆工具"绘制出正圆形，适当调整其大小，填充上R201、G201、B201的颜色，无描边色，放在适当的位置，并对圆形进行复制，在每段文字的开始位置放置一个。

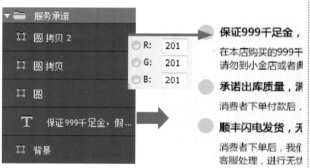

Step03 使用"横排文字工具"添加标题，并打开"字符"面板对文字的属性进行设置，在图像窗口中可以看到编辑的效果。

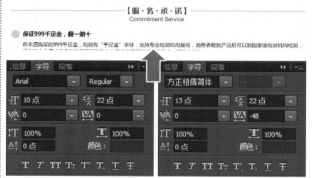

Step04 为添加的文字添加图层蒙版，在工具箱中选择"渐变工具"，设置渐变色为线性渐变，并调整渐变色为黑色到白色到黑色，使用该工具对图层蒙版进行编辑，让文字呈现出两侧渐隐的效果，在图像窗口中可以看到编辑的效果。

Step 05 使用"矩形工具"绘制出一个矩形，接着将所需的饰品素材添加到图像窗口，适当调整其大小，创建剪贴蒙版，对饰品的显示进行控制，在图像窗口中可以看到编辑的效果。

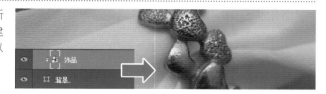

Step 06 将饰品素材添加到选区中，接着创建曲线调整图层，在打开的"属性"面板中对曲线的形状进行编辑，提亮饰品的亮度，在图像窗口中可以看到饰品画面变得更亮了。

Step 07 为饰品选区创建亮度/对比度调整图层，在打开的"属性"面板中设置"亮度"选项的参数为6，"对比度"选项的参数为31，提亮饰品图像的亮度和对比度，使其层次增强。

Step 08 为饰品选区创建色阶调整图层，在打开的"属性"面板中依次拖曳RGB选项下的色阶值分别到0、1.00、240的位置，更进一步地对饰品的亮度和层次进行调整，在图像窗口中可以看到编辑的效果。

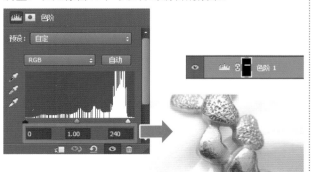

Step 09 选择工具箱中的"横排文字工具"，在图像窗口中适当的位置单击，添加所需的文字，将文字放在画面的左侧，最后创建图层组，命名为"广告图"，对编辑的图层进行管理。

Step 10 对前面绘制的标题栏进行复制，更改复制后标题栏中的文字信息，接着使用"矩形工具"绘制出所需的矩形，填充上R245、G245、B245的颜色，无描边色，将其作为文字的底色背景。

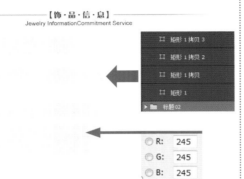

Step 11 选择工具箱中的"横排文字工具"，在图像窗口中适当的位置单击，添加上所需的文字，对饰品进行详细介绍，最后创建图层组，命名为"文字"，对编辑的图层进行管理。

Step 12 将所需的饰品素材添加到图像窗口中，接着使用"钢笔工具"沿着饰品边缘创建路径，将绘制的路径转换为选区，以选区为标准创建图层蒙版，将饰品图像抠选出来。

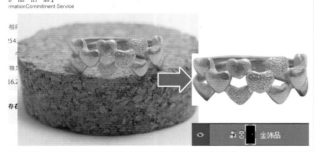

Step 13 对编辑的金饰品图层进行复制，进行栅格化和应用蒙版操作后，将其拖曳到饰品的下方，进行垂直翻转处理，使用"渐变工具"对其添加的图层蒙版进行编辑，制作出金饰的倒影。

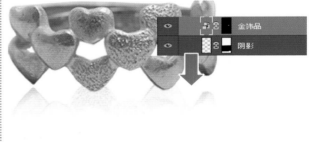

Step 14 按住Ctrl键的同时单击"金饰品"图层的蒙版缩览图，将金饰添加到选区中，单击"调整"面板中的"亮度/对比度"按钮，为选区创建亮度/对比度调整图层，在打开的"属性"面板中设置"亮度"选项的参数为22，"对比度"选项的参数为52，提高饰品图像的亮度和对比度，在图像窗口中可以看到编辑后的效果。

Step 15 再次将饰品添加到选区中，为其创建色相/饱和度调整图层，在打开的"属性"面板中设置"全图"选项下的"色相"选项参数为−3，"饱和度"选项的参数为+17，适当调整金饰的颜色。

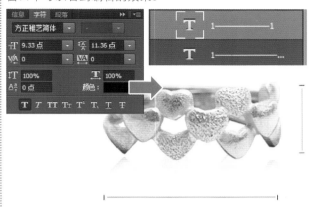

Step 16 选中工具箱中的"横排文字工具"，在适当的位置单击，添加上所需的符号，使其呈现出标尺的样式，打开"字符"面板对文字的属性进行设置，在图像窗口中可以看到编辑的效果。

Step 17 选择"横排文字工具"继续进行操作，在适当的位置添加上饰品的尺寸信息，打开"字符"面板设置文字的属性，在图像窗口中可以看到编辑的效果，完成金饰详情的介绍。

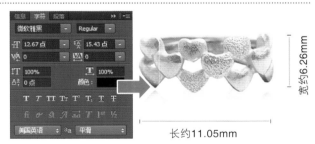

7.3.2 精致的场景及佩戴展示

场景展示和佩戴展示是以周围场景与模特亲自佩戴作为主要表现，在设计中要注意把金饰色调保持一致，还要确保金饰的清晰度，其具体的制作如下。

Step 01 对前面编辑的标题栏进行复制，更改复制后标题栏的文字信息，接着绘制出矩形，将所需的饰品素材添加到图像窗口中，通过使用剪贴蒙版对饰品的显示进行控制，在图像窗口中可以看到编辑的效果。

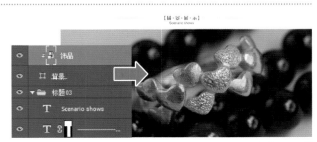

Step02 将饰品素材添加到选区中，为选区创建曲线调整图层，在打开的"属性"面板中对曲线的形状进行调整，提亮画面的亮度，在图像窗口中可以看到编辑后的饰品变得更亮了。

Step03 为饰品创建色相/饱和度调整图层，在打开的"属性"面板中设置"全图"选项下的"色相"为-7，"红色"选项下的"色相"为-25，"明度"为+33，对特定的颜色进行细微的调整。

Step04 对前面绘制的标题栏进行复制，更改复制后标题栏的文字信息，接着使用"圆角矩形工具"在适当的位置绘制出圆角矩形，对绘制的圆角矩形进行复制，将两个圆角矩形按照底边对齐的方式进行排列。

Step05 将所需的模特佩戴饰品的素材添加到图像窗口中，适当调整图层的位置，通过创建剪贴蒙版的方式对图片的显示进行控制，在图像窗口中可以看到编辑后的效果。

Step 06 将饰品素材添加到选区，分别使用不同的色阶调整图层设置对图像的层次和亮度进行调整，在图像窗口中可以看到编辑后的效果。

Step 07 将编辑饰品的图层进行复制，合并复制的图层，将其命名为"合并-模糊"，接着选择"模糊工具"，在其选项栏中设置参数，在手部的皮肤上进行涂抹，让手部的皮肤变得更加细腻和光滑。

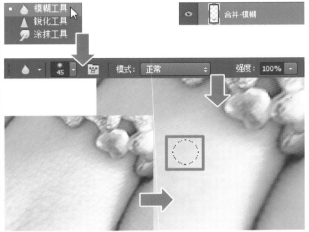

Step 08 对前面编辑的饰品图层进行复制，接着合并在一个图层中，将该图层转换为智能对象图层，执行"滤镜>锐化>USM锐化"菜单命令，在打开的对话框中设置参数，对图像进行锐化处理。

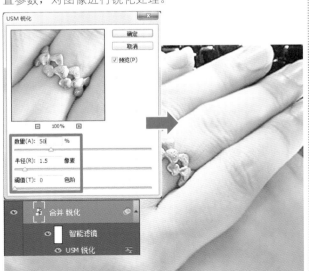

Step 09 将饰品图像添加到选区，分别为其创建自然饱和度与色相/饱和度调整图层，在打开的"属性"面板中对各个选项的参数进行设置，调整画面的色彩，在图像窗口中可以看到编辑的效果。

Step 10 对前面绘制的标题栏进行复制,调整复制后标题栏中的文字信息,接着使用"横排文字工具"在适当的位置添加上所需的文字,并在"字符"面板中设置文字的属性,按照居中进行排列。

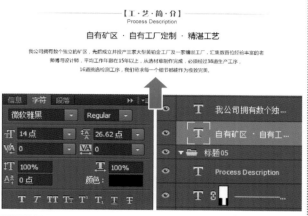

Step 11 选择工具箱中的"椭圆工具",绘制出所需的圆形,填充上R72、G45、B34的颜色,无描边色,对编辑的圆形进行复制,按照相同的间距进行排列,在图像窗口中可以看到编辑的效果。

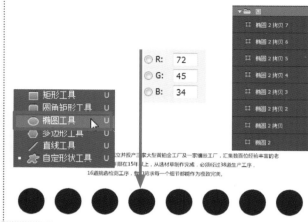

Step 12 选择工具箱中的"横排文字工具"在图像窗口中适当的位置输入箭头,接着打开"字符"面板对箭头的字体进行设置,在图像窗口中可以看到编辑的效果。

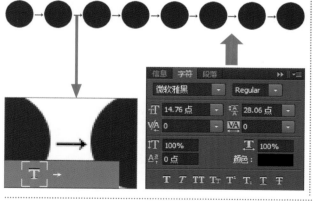

Step 13 使用"横排文字工具"在适当的位置添加所需的文字,并在"字符"面板中设置文字的属性,将文字放在圆形上,完成详情页面的制作。

7.3.3 多组信息组成的侧边栏

本案例由于是为金饰设计的详情页面,金饰是较为特殊且贵重的商品,所以在侧边栏中为其添加了多组信息,包括了今日金价、客服、收藏、分类和搜索信息,每组信息都与金饰有着密切的关联,让顾客能够感受到店家无微不至的服务,其具体的制作如下。

Step 01 使用"矩形工具"绘制灰色的矩形作为侧边栏的背景，接着再次绘制一个矩形，使用"描边"样式对其进行修饰，并设置"填充"选项为0%，在图像窗口中可以看到编辑的效果。

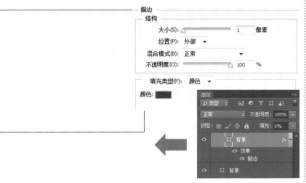

Step 02 再次绘制一个矩形，双击该矩形图层，在打开的"图层样式"对话框中勾选"渐变叠加"复选框，并在相应的选项卡中对参数进行设置，在图像窗口中可以看到编辑的效果。

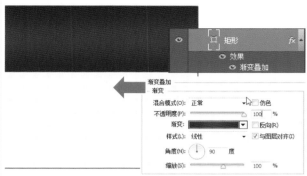

Step 03 使用"横排文字工具"在绘制的矩形中添加所需的文字，标明金饰的价格，并适当调整文字的大小和颜色。

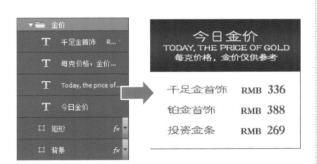

Step 04 参考前面绘制矩形线框和渐变矩形的方法，制作出"客服在线"专区的大致形状，以相同的字体为该区域添加所需的标题和客服的名称，在图像窗口中可以看到编辑的效果。

Step 05 将所需的旺旺头像添加到图像窗口中，按下Ctrl+T快捷键，使用自由变换框对旺旺头像的大小进行调整，接着对旺旺头像进行复制，放在客服名称的右侧，按照一定的位置进行排列，最后创建图层组，对编辑的图层进行管理和分类。

Step 06 参考前面绘制矩形线框和渐变矩形的方法，制作出"好评晒图"专区的大致形状，以相同的字体为该区域添加所需的标题，在图像窗口中可以看到编辑的效果。

Step 07 使用"横排文字工具"在适当的位置添加"返5元现金"的字样，打开"字符"面板，对文字的字体、字号和颜色进行设置，在图像窗口中可以看到编辑的效果。

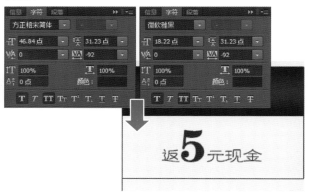

Step 08 参考前面绘制矩形线框和渐变矩形的方法，制作出"产品分类"专区的大致形状，以相同的字体为该区域添加所需的标题，在图像窗口中可以看到编辑的效果。

Step 09 使用"矩形工具"绘制出所需的矩形，填充上适当的颜色，接着使用"渐变叠加"和"描边"样式对其进行修饰，并在"图层"面板中设置其"填充"选项的参数为20%。

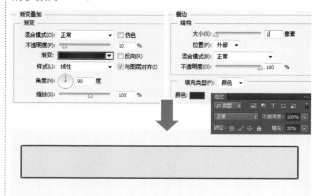

Step 10 使用"横排文字工具"在适当的位置添加相关的分类信息的文字，打开"字符"面板，对文字的字体、字号和颜色进行设置，将文字放在适当的位置，在图像窗口中可以看到编辑的效果。

Step 11 参考前面的编辑，制作出其余的分组信息的文字和形状，并创建图层组，对每组分类信息的图层进行管理和分类，在图像窗口中可以看到编辑后的效果。

Step 12 参考前面绘制矩形线框和渐变矩形的方法，制作出"快速搜索"专区的大致形状，并使用"矩形工具"和"横排文字工具"完善该区域的内容。

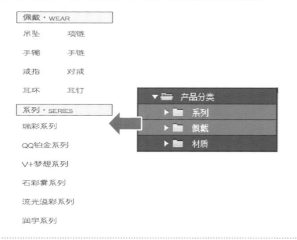

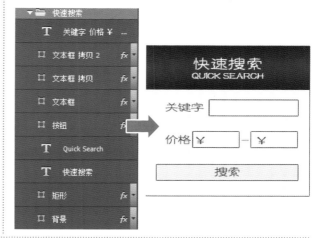

7.3.4 典雅简约的金饰橱窗照

金饰由于其特殊的材质，本身就是一个充满诱惑的商品，在设计橱窗照片的过程中，只需将金饰完美的外形、色泽和细节表现出来，就能打造出典雅简约的效果，其具体的制作如下。

Step 01 使用"矩形选框工具"创建出正方形的选区，接着为选区创建渐变填充图层，在打开的"渐变填充"对话框中对相关的选项进行设置，完成设置后在图像窗口中可以看到编辑后的效果，作为橱窗照的背景。

Step 02 将所需的金饰素材添加到图像窗口中，使用"钢笔工具"沿着饰品边缘创建路径，将路径转换为选区，以选区为标准创建图层蒙版，将金饰抠选出来，并适当调整其角度、大小和位置。

Step 03 按住**Ctrl**键的同时单击"金饰"图层的图层蒙版缩览图，将金饰添加到选区中，在图像窗口中可以看到创建的选区效果。

Step 04 为选区创建色相/饱和度调整图层,在打开的"属性"面板中设置"全图"选项下的"色相"选项的参数为−2,"饱和度"选项的参数为+38,对金饰的颜色进行细微的调整。

Step 05 再次将金饰添加到选区中,创建色阶调整图层,在打开的"属性"面板中依次拖曳RGB选项下的色阶值分别到30、1.36、219的位置,在图像窗口中可以看到金饰的图像变亮了。

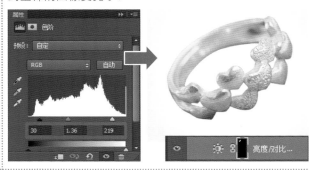

Step 06 再次将金饰添加到选区中,为其创建亮度/对比度调整图层,在打开的"属性"面板中设置"亮度"选项的参数为14,"对比度"选项的参数为19,提高金饰的亮度和对比度。

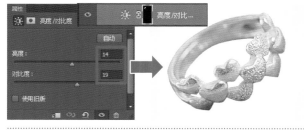

Step 07 创建颜色填充图层,设置填充色为R247、G212、B0,将该图层的蒙版填充为黑色,把金饰添加到选区中,使用白色的"画笔工具"在金饰上进行涂抹,对颜色填充图层的蒙版进行编辑。

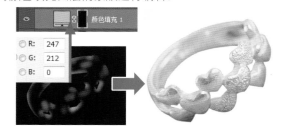

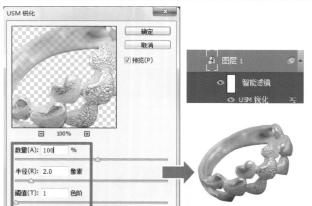

Step 08 将前面编辑金饰的所有的图层进行复制,合并在一个图层中,将该图层转换为智能对象图层,接着执行"滤镜>锐化>USM锐化"菜单命令,在打开的"USM锐化"对话框中设置"数量"为100%,"半径"为2.0像素,"阈值"为1色阶,对图像进行锐化处理,在图像窗口可以看到编辑的效果,完成本案例的制作。

7.4 腕表详情页面设计

本案例是为腕表设计的详情页面，画面中以黑色作为背景，暗色影调让腕表的金属材质表现得更加硬朗和高贵，突显腕表高品质的形象。

●技术制作要点

- 使用"明度"混合模式将腕表图像与黑色的背景自然地融合在一起，并通过"亮度/对比度"调整图层来增强表面的金属光泽感。
- 利用"USM锐化"滤镜来增强腕表表盘细节的锐利度，表现出精致的细节。
- 利用"横排文字工具"为画面添加所需的文字，并在"字符"面板中设置文字的属性。
- 使用"斜面和浮雕""描边""光泽"和"图案叠加"来对侧边栏的图形进行修饰，制作出金属光泽的质感。
- 通过多种形状工具的使用，绘制出画面中所需的形状，辅助文字和商品的表现。

实例文件

素　材：随书资源包\素材\07\14、15、16、17.jpg

源文件：随书资源包\源文件\07\腕表详情页面设计.psd

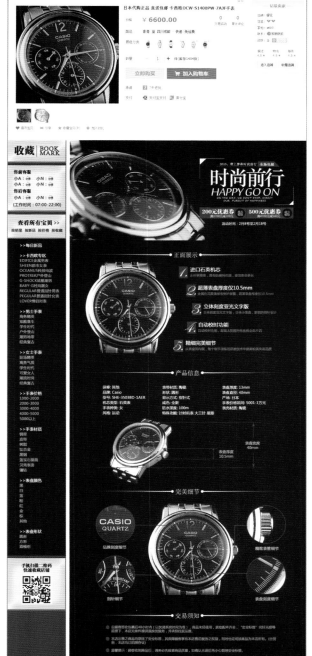

203

●配色分析

　　鉴于本案例中的腕表为无彩色的金属色，商品自身的色彩形成了一种无彩色配色。在黑白的商品画面中，在寻求整体画面统一的同时，把暗红色添加到其中，将单一的色彩进行有意识的放大，创作出色彩辅助点，让无彩色与有彩色之间形成碰撞，强烈的对比效应可以使顾客产生视觉上的刺激感，从而留下较为深刻的印象。在无彩色中添加小面积的单一有彩色的方式，可大幅度提升商品的整体印象，其具体设计和配色如右图所示。

●与腕表风格相互辉映的侧边栏

　　在本案例的侧边栏的设计中，为了使整个商品的详情页面不论是材质还是配色都高度的一致，制作侧边栏标题背景矩形的时候，为其添加了多种图层样式，使其呈现出金属的光泽，这与腕表外观中硬朗的金属质地相互一致，表现出和谐、统一的视觉，让顾客深刻地感受到一种色彩和谐、质感和谐的愉悦之感。

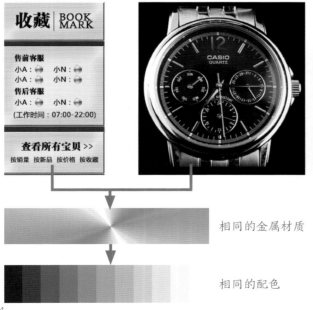

相同的金属材质

相同的配色

●清晰的测量与指示

　　由于腕表是一种价格较贵的商品，为顾客展示出其细节和品质是设计商品详情页面的关键。在本案例的制作中，通过标尺测量来告知顾客表面的宽度和厚度，直观地为顾客树立出商品的外观尺寸印象，接着通过对局部区域进行放大，让顾客掌握腕表表盘中更多的细节，更进一步地突显商品的细节。微距的放大表现能够体现出腕表的精致和品质，可以在顾客的心中留下深刻的印象。

7.4.1 冷酷大气的广告图

在本案例详情页面的顶部，设计和添加了一张腕表的广告图，将艺术化编排后的文字与腕表侧面深邃的图像组合在一起，营造出冷酷大气的氛围，提升了腕表的档次，其具体的制作方法如下。

Step01 新建一个文档，绘制一个黑色的矩形作为商品详情页面的背景，接着将所需的腕表的素材添加到图像窗口，适当调整其大小和位置，设置该图层的混合模式为"明度"。

Step02 使用"矩形工具"和"钢笔工具"绘制出所需的边框形状，填充上白色，无描边色，接着选择"横排文字工具"为画面添加所需的文字，打开"字符"面板对文字的属性进行设置。

Step03 使用"钢笔工具"绘制出所需的形状，填充上R125、G0、B34的颜色，接着选择"横排文字工具"为画面添加所需的文字，打开"字符"面板对文字的属性进行设置，在图像窗口中可以看到编辑后的效果。

Step04 使用"椭圆工具"和"矩形工具"绘制出所需的形状，接着为其添加"颜色叠加"图层样式，将其作为修饰形状，在图像窗口中可以看到编辑的效果。

Step 05 选择工具箱中的"横排文字工具",在适当的位置单击,输入所需的优惠券信息,并对文字的字体、颜色和字号等进行设置,在图像窗口中可以看到编辑后的效果,完成广告图的制作。

7.4.2 暗色调详情页面

在详情页面中使用标题栏对正面展示、产品信息、完美细节和交易须知各个组之间的内容进行分割,使用黑色作为画面背景,打造出深邃、精致的画面效果,其具体的制作方法如下。

Step 01 使用"椭圆工具"绘制出正圆形,用"钢笔工具"绘制出三角形,使用"渐变叠加"对三角形进行修饰,接着添加所需的文字,打开"字符"面板对文字的属性进行设置,完成标题栏的制作。

Step 02 将所需的腕表的素材拖曳到图像窗口中,得到相应的智能对象图层,适当调整腕表的大小和位置,接着使用图层蒙版对腕表的显示进行控制,并设置图层的混合模式为"明度",在图像窗口中可以看到编辑后的效果。

Step 03 将腕表添加到选区，创建亮度/对比度调整图层，在打开的"属性"面板中设置"对比度"选项的参数为100，提高明度和暗部之间的对比，在图像窗口中可以看到编辑后的效果。

Step 04 使用"矩形工具"绘制一个矩形，为其设置适当的填充色，无描边色，接着使用"横排文字工具"输入数字，打开"字符"面板对文字的属性进行设置，在图像窗口中可以看到编辑后的效果。

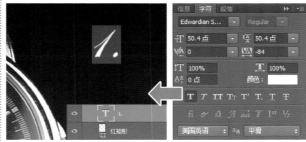

Step 05 继续使用"横排文字工具"添加所需的文字，打开"字符"面板对文字的属性进行设置，并分别设置文字的颜色为白色和灰色，调整文字的位置，在图像窗口中可以看到编辑的效果。

Step 06 参考前面的设置，在图像窗口中制作出其他的文字信息，并创建图层组，对每组文字信息进行分组管理，在图像窗口中可以看到编辑的效果。

Step 07 对前面编辑的标题栏图层组进行复制，适当移动标题栏的位置，接着使用"横排文字工具"更改其标题的内容为"产品信息"，在图像窗口中可以看到编辑后的效果。

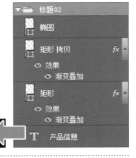

Step 08 选择"横排文字工具"在适当的位置单击，输入所需的文字，打开"字符"面板对文字的行间距、字间距、字体、字号和颜色等进行设置，在图像窗口中可以看到编辑的效果。

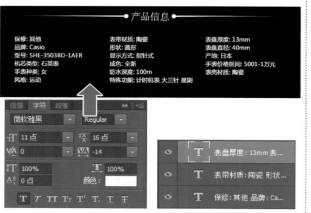

Step 09 将所需的腕表素材添加到图像窗口中，使用"钢笔工具"沿着腕表的边缘绘制路径，将路径转换为选区，为图层添加图层蒙版，抠取腕表，接着在"图层"面板中设置混合模式为"明度"。

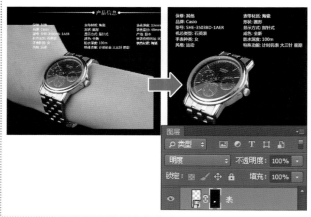

Step 10 将腕表添加到选区中，为其创建亮度/对比度调整图层，在打开的"属性"面板中设置"亮度"选项的参数为**16**，"对比度"选项的参数为**56**，提高腕表的亮度和对比度。

Step 11 使用"直线段工具"和"自定形状工具"绘制出所需的直线和箭头，接着对绘制的形状的角度和位置进行调整，为腕表的宽度和厚度进行标示，在图像窗口中可以看到编辑的效果。

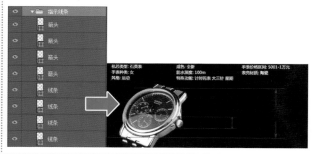

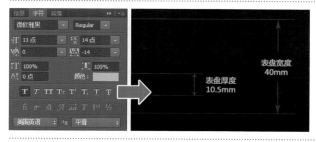

Step 12 使用"横排文字工具"在适当的位置单击，输入所需的文字信息，打开"字符"面板对文字的属性进行设置，在图像窗口中可以看到腕表尺寸标示后的编辑效果。

Step 13 对前面编辑的标题栏图层组进行复制，适当移动标题栏的位置，接着使用"横排文字工具"更改其标题的内容为"完美细节"，将所需的腕表的素材拖曳到图像窗口中，得到相应的智能对象图层，适当调整腕表的大小和位置，并设置图层的混合模式为"明度"，在图像窗口中可以看到编辑的效果。

Step 14 对添加的腕表的素材进行复制，接着使用"椭圆选框工具"创建圆形的选区，对腕表的细节进行显示，并使用"描边"图层样式对其进行修饰，在图像窗口中可以看到编辑的效果。

Step 15 对前面编辑的腕表的细节图进行复制，合并在一个图层中，将其转换为智能对象图层，设置混合模式为"明度"，最后使用"USM锐化"滤镜对图像进行锐化处理，使其细节更加清晰。

Step 16 将腕表添加到选区中，为其创建亮度/对比度调整图层，在打开的"属性"面板中设置"对比度"选项的参数为88，提高明度和暗部的对比度，在图像窗口中可以看到编辑的效果。

Step⑰ 使用"直线段工具"和"椭圆工具"绘制出所需的形状，并为其设置相同的填充色，按一定的位置对绘制的形状进行摆放，在图像窗口中可以看到编辑的效果。

Step⑱ 选择工具箱中的"横排文字工具"，在适当的位置单击，对每个细节进行说明，打开"字符"面板对文字的属性进行设置，在图像窗口中可以看到编辑后的效果。

Step⑲ 对前面绘制的标题栏进行复制，制作出"交易须知"的标题栏，接着使用"横排文字工具"添加所需的文字，并使用"自定形状工具"绘制所需的形状，在图像窗口中可以看到编辑的效果，完成商品详情页面的制作。

7.4.3 金属材质的侧边栏设计

在本案例侧边栏的设计和制作中，通过添加图层样式让绘制的形状呈现出金属材质的光泽，使其与腕表的材质相互辉映，并利用多组信息使侧边栏的内容丰富而精致，其具体的制作方法如下。

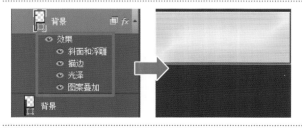

Step01 使用"矩形工具"绘制出侧边栏的矩形，填充上一定的灰度，接着再次绘制一个矩形，作为侧边栏单组信息的背景，使用"斜面和浮雕""描边""光泽"和"图案叠加"图层样式对其进行修饰，制作出金属质感的效果。

Step 02 使用"横排文字工具"在适当的位置单击，添加所需的文字，打开"字符"面板对文字的属性进行设置，然后使用"矩形工具"绘制出所需的线条，在图像窗口中可以看到收藏区的设计效果。

Step 03 对前面绘制的金属光泽的矩形进行复制，适当调整其大小，作为客服区的背景，接着使用"横排文字工具"添加所需的文字，并将旺旺头像放置到其中，在图像窗口中可以看到客服区的设计效果。

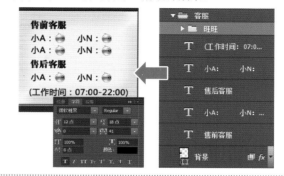

Step 04 对前面绘制的金属光泽的矩形进行复制，适当调整其大小，作为分类区的背景，接着使用"横排文字工具"添加所需的文字，制作出分类区的标题，在图像窗口中可以看到制作效果。

Step 05 使用"横排文字工具"输入所需的文字，对文字的颜色、字体和字号进行适当的设置，制作出侧边分类栏的分组信息，放在适当的位置，在图像窗口中可以看到编辑的效果。

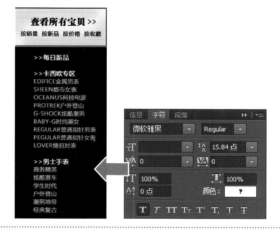

Step 06 对前面绘制的金属光泽的矩形进行复制，适当调整其大小，作为二维码区域的背景，添加所需的文字和二维码图片，在图像窗口中可以看到二维码区域的设计效果，完成侧边栏的制作。

7.4.4 简约大气的腕表橱窗照

腕表橱窗照主要展示腕表的表面，使用"USM锐化"和"色阶"来对腕表表面的细节和层次进行调整，突显腕表的局部细节，使其刻度、表盘等局部更加精致，具体操作如下。

Step01 使用"矩形选框工具"创建正方形的选区，新建图层，在图层中为创建的选区填充上黑色，作为橱窗照的背景。

Step02 将所需的腕表图像添加到图像窗口中，适当调整其大小，使用图层蒙版控制其显示范围，设置混合模式为"明度"，在图像窗口中可以看到编辑的效果。

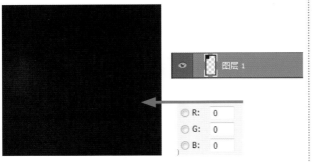

Step03 对前面编辑的橱窗照进行复制，接着将其转换为智能对象图层，设置该图层的混合模式为"明度"，执行"滤镜>锐化>USM锐化"菜单命令，在打开的对话框中设置"数量"选项为60%，"半径"为1.0像素，"阈值"为1色阶，完成后确认设置，对腕表进行锐化。

Step04 创建色阶调整图层，在打开的"属性"面板中依次拖曳RGB选项下的色阶值分别到14、1.16、248的位置，提高图像的层次和对比度，在图像窗口中可以看到图像编辑后的效果，完成本案例的制作。

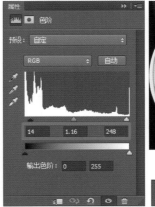

附　录

在进行网店装修时，我们会先对店铺的风格进行确定，那就需要进行配色分析，接着还会收集若干的素材。在这里我们对网店装修中的常用配色和一些常用的素材资源进行分享，具体如下。

网店装修常用配色

女性服装类店铺常用配色

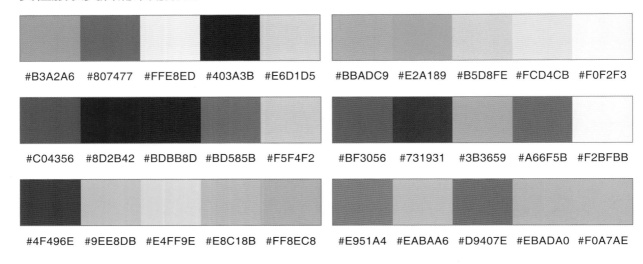

#B3A2A6　#807477　#FFE8ED　#403A3B　#E6D1D5　　#BBADC9　#E2A189　#B5D8FE　#FCD4CB　#F0F2F3

#C04356　#8D2B42　#BDBB8D　#BD585B　#F5F4F2　　#BF3056　#731931　#3B3659　#A66F5B　#F2BFBB

#4F496E　#9EE8DB　#E4FF9E　#E8C18B　#FF8EC8　　#E951A4　#EABAA6　#D9407E　#EBADA0　#F0A7AE

儿童用品类店铺常用配色

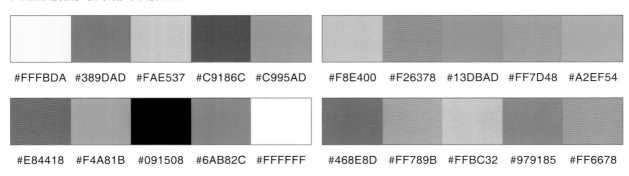

#FFFBDA　#389DAD　#FAE537　#C9186C　#C995AD　　#F8E400　#F26378　#13DBAD　#FF7D48　#A2EF54

#E84418　#F4A81B　#091508　#6AB82C　#FFFFFF　　#468E8D　#FF789B　#FFBC32　#979185　#FF6678

电子数码类店铺常用配色

#1485BF　#0D5880　#1BB1FF　#072C40　#189FE6　　#323A8D　#373D72　#F2F2EA　#F4D333　#EECB40

#00065A　#245CA7　#87DFF5　#BF7C62　#BF0103

#032973　#04328C　#0C9AF2　#13C9F2　#22F2F2

食品百货类店铺常用配色

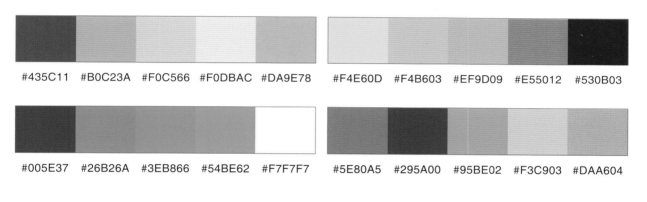

#435C11　#B0C23A　#F0C566　#F0DBAC　#DA9E78

#F4E60D　#F4B603　#EF9D09　#E55012　#530B03

#005E37　#26B26A　#3EB866　#54BE62　#F7F7F7

#5E80A5　#295A00　#95BE02　#F3C903　#DAA604

男士商务类店铺常用配色

#718C8A　#FFFFFF　#C4D9D7　#8C7063　#D9CBC4

#212C48　#A1A0AA　#477327　#696050　#46464B

#283040　#EBEFF2　#BFBBBA　#40271E　#8C5B49

#A6657D　#204C73　#5A734F　#D9CFCC　#A63F3F

#1B241E　#4B3C25　#9C9277　#D0C8CC　#DED2DA

#4F89A3　#5A8FA1　#D4D1DE　#DEB59F　#945548

美妆珠宝类店铺常用配色

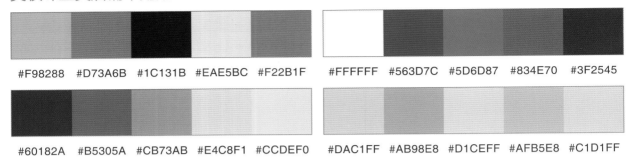

| #F98288 | #D73A6B | #1C131B | #EAE5BC | #F22B1F | | #FFFFFF | #563D7C | #5D6D87 | #834E70 | #3F2545 |

| #60182A | #B5305A | #CB73AB | #E4C8F1 | #CCDEF0 | | #DAC1FF | #AB98E8 | #D1CEFF | #AFB5E8 | #C1D1FF |

靓鞋箱包类店铺常用配色

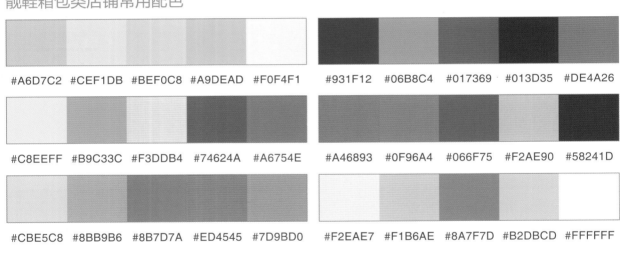

| #A6D7C2 | #CEF1DB | #BEF0C8 | #A9DEAD | #F0F4F1 | | #931F12 | #06B8C4 | #017369 | #013D35 | #DE4A26 |

| #C8EEFF | #B9C33C | #F3DDB4 | #74624A | #A6754E | | #A46893 | #0F96A4 | #066F75 | #F2AE90 | #58241D |

| #CBE5C8 | #8BB9B6 | #8B7D7A | #ED4545 | #7D9BD0 | | #F2EAE7 | #F1B6AE | #8A7F7D | #B2DBCD | #FFFFFF |

家装家饰类店铺常用配色

| #35271C | #FFE6D3 | #FFBC87 | #80736A | #CC966C | | #618C84 | #455925 | #5A7324 | #CBD9AD | #F2E3B3 |

| #BF0712 | #054A71 | #D8AE72 | #A58A6B | #8B0400 | | #1A7472 | #19706A | #66A394 | #F1EDD4 | #BEB198 |

常用素材资源链接

昵图网

　　昵图网成立于2007年1月1日，是一个与平面设计和素材下载相关的网站。昵图网是一个图片素材共享平台，通过赚取共享分来下载素材。为调动大家上传原创作品、优质素材的积极性，昵图网经常推出共享分兑换现金活动，高星级、高共享分的会员可把闲置的共享分进行兑换。

素材天下

　　素材天下提供国内最多最全的免费素材下载，中国素材、韩国素材、欧美素材下载、QQ空间素材等精彩内容，为站长及PS设计师提供最新最全的设计资讯与学习教程。

素材中国

　　素材中国专注于提供平面广告设计素材下载，其内容涵盖了psd素材、矢量素材、PPT模板、网站源码、网页素材、flash素材、png图标、ps笔刷等，让任何一个设计者都能轻松找到自己想要的素材。

PS联盟

　　PS联盟网是一个专业的Photoshop教程网站，拥有上百篇平面设计、艺术欣赏的教程与文章，是一个千人在线的设计人社区网站。

花瓣网

花瓣网可以帮用户收集、发现网络上喜欢的事物。用户可以将网上看见的一切信息都保存下来，上手简单，玩味无限。花瓣网能够通过一定的算法向用户推荐可能感兴趣的东西，帮助用户节省寻找信息的时间。

站酷

站酷网聚集了中国绝大部分的专业设计师、艺术院校师生、潮流艺术家等创意设计人群。现有注册设计师/艺术家200万，日上传原创作品6000余张，三年累计上传原创作品超过350万张。是中国设计创意行业访问量最大、最受设计师喜爱的大型社区网站。

视觉中国

视觉中国网站是中国最具影响力的视觉创意产业门户，是服务于中国及全球视觉创意产业的领先在线媒体。视觉中国网站内容包括数字设计、广告创意、数码影像、视觉传媒、时尚文化等文化创意产业范畴。

海报时尚网

海报时尚网独立开创了全新的中文类时尚互动媒体形式，被媒体同行盛誉为"中国进入奢侈品时代前夜的一间国际品牌大教室"，集聚时尚张力，并持续提供令人目不暇接的生活好品位。

红动中国

　　红动中国网是中国最大的专业设计素材服务平台，有设计素材下载、定制等服务，为设计师、设计公司、印刷公司带来极大便利。红动中国设计论坛是中国人气最旺的平面设计论坛，拥有大量平面设计师及设计相关信息。

中国第一设计论坛

　　中国第一设计论坛致力于打造国内设计领域的第一设计论坛，提供最及时的设计资讯，最全最新的素材资料、设计教程、平面设计作品，国内外著名设计师优秀作品欣赏等。

思缘论坛

　　思缘论坛不仅是一家以Photoshop学习为主的网站，还延伸成为以平面设计为主要支撑的交流共享平台。除了交流平面设计外，论坛还辅以设计素材、设计教程与娱乐性板块。

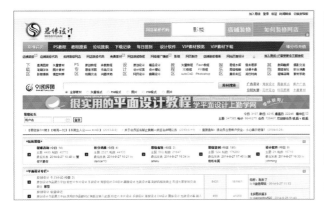

网页设计联盟

　　网页设计联盟是一群行业爱好者组成的非营利机构。在业内召集众多设计总监、资深网页设计人员、设计爱好者等杰出人物，分享他们关于职业的技术、理念、思考和探索。为经验丰富的专家和积极努力的设计师提供了一个良好的展示自我的平台。

系列好书推介

10章纯干货案例

57个经典实战练习

65个技巧剖析

超值海量教学视频

超全素材文件大奉送

- ☑ 集商品摄影、专业技法、专题演练于一体
- ☑ 商品经典案例处理超全解析
- ☑ 特殊专题提供个性精修体验

知识架构

修片之前　修图软件

快速修复　光影调整　色彩调修

抠图应用　细节美化　精品服装　鞋类箱包

流行饰品　手机数码　家居及其他商品

案例赏析

系列好书推介

11章纯干货案例

57个经典实战练习

71个技巧剖析

超值海量教学视频

超全素材文件大奉送

☑ Photoshop CC 新功能完美体验

☑ 精致人像的修饰与美化

☑ 人像照片处理高手进阶之路

知识架构

修片基础

修片软件

Camera Raw的快修

眼睛的修饰

鼻子的修饰

唇部的修饰

发色与发型

面部的修饰

服饰软件

人物整体塑型

人物经典调色

艺术写真

婚纱照片处理

案例赏析

系列好书推介

9章纯干货案例

65个经典实战练习

64个技巧剖析

超值海量教学视频

超全素材文件大奉送

☑ 集色彩理论、摄影知识、PS调色于一体

☑ 六类精彩调色模块全解析

☑ 数码摄影后期照片调色进阶之路

知识架构

色彩理论　调色基础

Camera Raw 快速润色　曝光与光影　校正照片颜色

艺术调色　黑白照片调色　唯美原色调色

经典对比调色　影楼经典调色　创意商业色彩

案例赏析